普通高等教育新工科电子信息类课改系列教材

Arduino 应用开发

徐阳扬　编著

U0378636

西安电子科技大学出版社

内 容 简 介

本书以 Arduino UNO 作为硬件平台，以 Arduino IDE 作为软件开发环境，以多种常见的传感器和执行器的应用实例为引，详细阐述了各种器件的工作原理及相关库函数的使用方法，旨在使读者能够深入理解硬件开发的相关知识，并能够将所学知识应用于实践。

本书共 15 章。其中，第 1、2 章介绍了 Arduino 的发展历史、家族成员、软件开发环境及开发语言的基础知识；第 3 章至第 6 章通过一系列简单器件的开发实例，讲解了硬件开发过程中的调试方法和建议；第 7 章至第 15 章介绍了几种常用的集成传感器和执行器模块的开发实例。

本书可作为计算机类专业和电子技术类专业及其他相关专业的入门教材，也可供相关技术人员阅读和参考。

图书在版编目(CIP)数据

Arduino 应用开发 / 徐阳扬编著. --西安：西安电子科技大学出版社，2024.6
ISBN 978 – 7 – 5606 – 7234 – 2

Ⅰ.①A… Ⅱ.①徐… Ⅲ.①微控制器—程序设计 Ⅳ.①TP368.1

中国国家版本馆 CIP 数据核字(2024)第 075361 号

策　　划　高 樱
责任编辑　程广兰　武翠琴
出版发行　西安电子科技大学出版社（西安市太白南路 2 号）
电　　话　(029)88202421　88201467　　　邮　编　710071
网　　址　www.xduph.com　　　　　　　　电子邮箱　xdupfxb001@163.com
经　　销　新华书店
印刷单位　陕西日报印务有限公司
版　　次　2024 年 6 月第 1 版　　　2024 年 6 月第 1 次印刷
开　　本　787 毫米×1092 毫米　1/16　　印张 14.5
字　　数　336 千字
定　　价　39.00 元
ISBN 978 – 7 – 5606 – 7234 – 2 / TP
XDUP 7536001-1

自　序

创造是人类所具有的一种美好的天性。在这个天性的推动下，人类文明得以不断地进步。

从孩童时代开始，我们就会不由自主地被泥土或者沙子所吸引，用它们做成各种造型的建筑物、人物或者动物。当我们不再满足于一动不动的固定造型时，我们会开始用随手可得的木棍、绳子、吸管、包装盒、饮料瓶等物品作为原材料，用剪刀、尺子等简单工具创造一个能动、能摆出各种造型的作品。随着时间的推移，我们的玩具从简单到复杂，从粗陋到精致，我们的追求不断地变化升级。但是，试着回想一下，幼时完成一件作品的满足感和成就感，你有多久没有重新体验过了？

当你决定让自己的创造天性重新得以发挥，让自己的手上再次诞生一个又一个有趣的、独一无二的作品时，也许这本书可以作为你起步的第一个台阶。希望本书能够助你登高望远，最终成为一名无所不能的极客，用自己的知识和技能让这个世界和自己的人生变得更加美好。

本书适用于能够熟练使用电脑、能够熟练输入英文单词，且对电子电路知识有一些基本认识的新手入门。不必在意你学的不是电子类相关专业，不用担心你是一无所知的小白，对于广袤的世界而言，所有人类都是小白。你只需要两样东西——兴趣和坚持，这两样东西会使你成为自己曾经不敢想象的那个人。

前　言

随着各个学科、各个领域相关技术的飞速发展，技术交叉和资源共享已经成为各专业技术领域的常态，同时技术开源也极大地推动了科研和工程领域的发展。为了帮助嵌入式应用领域的初学者、极客爱好者及工程师们学习快速原型开发平台并迅速上手，本书对开发过程中可能遇到的多种传感器的工作原理和应用实例进行了介绍。

Arduino 是硬件开源领域当之无愧的一颗明珠。它从一开始面世，就以简洁易用的开发环境、新颖的开发思路、极高的性价比和丰富的器件库吸引了大量用户。在许多不同领域 Arduino 爱好者的支持下，Arduino 的技术开发生态以惊人的速度生长、发展、完善。Arduino 就像一棵不断结出累累硕果的参天大树，为热爱技术的开发者们提供了丰富的资源和机会，支撑起诸多电子爱好者的开发梦想。Arduino 及其爱好者们正在为实现一个更美好的世界做出积极的贡献。

本书共 15 章。第 1、2 章介绍 Arduino 的发展历史、家族成员、开发环境和开发语言；第 3、4 章介绍 LED 的工作原理和驱动方式以及硬件控制编程与软件编程的不同之处；第 5、6 章介绍电路设计中常见元器件的驱动以及信号读取和识别的操作方法及注意事项；第 7 章介绍光敏传感器的工作原理及开发实例；第 8 章介绍温湿度传感器的工作原理以及传感器驱动库的各个函数的使用详解和开发实例；第 9 章介绍蜂鸣器的工作原理以及与音频相关的库函数的使用详解和开发实例；第 10 章介绍 LCD1602 液晶屏的工作原理以及对应器件的驱动库的使用详解和开发实例；第 11 章介绍超声波测距传感器的工作原理以及相关驱动库函数的使用说明和开发实例；第 12 章介绍舵机的工作原理以及相关驱动库函数的使用详解和开发实例；第 13 章介绍直流电机的工作原理，电机控制模块的工作原理、使用方法和开发实例；第 14 章介绍蓝牙技术的诞生和发展历史、蓝牙模块的工作模式和各种功能、传感器模块的驱动库函数的使用详解和开发实例；第 15 章介绍几种常见的气体传感器的工作原理、使用方法、工作特点和开发实例。

在有代码编程的章节中，章末都提供了与该章节内容相关的练习题。书中的代码示例和练习题答案均可在作者的博客中找到(网址为 blog.csdn.net/xyysun)。但是请各位读者注意，这个世界上很多事情都是没有标准答案的，如果读者编写的代码能够实现题目要求的功能，但是与作者给出的答案不一样，那么一定要相信自己。作者期望读者能够写出比参考答案更加优美、简洁且适应性更好的代码。

本书的出版得到了西安文理学院出版基金资助。

限于编者水平，书中难免存在疏漏之处，敬请读者批评指正。(作者的邮箱为 xyysun@126.com。作者在 csdn.net 博客上的账号为金刚熊猫。)

作者
2024.01.11

目　录

第 1 章　Arduino 简介

1.1　为什么选择 Arduino

对于中国的众多电子爱好者和电子工程师来说，常见的三个入门级芯片或者最小系统分别是 51 单片机、STM 系列单片机和 Arduino 系列最小系统。

51 单片机最早由英特尔公司推出，至今已经有 50 多年的历史。51 单片机的优点是内部电路结构简单，各个功能模块划分清晰，其适合有一定单片机应用经验和电路设计经验的电子工程师深入学习单片机的内部构造和工作原理，也适合从事单片机芯片设计的芯片工程师学习处理器的内部结构。由于历史久远，因此现在人们已经很难买到原版的 51 单片机芯片。但是由于 51 单片机的专利已经过期，所以市面上有很多兼容版本的 51 单片机，例如 Atmel 公司的 AT89S51 单片机和 STC 公司的 STC87C51 单片机、STC89C51 单片机等，它们对标准 51 单片机的旧代码具有很好的兼容性。

STM 系列单片机是意法半导体公司生产的单片机，由于其性价比很高，因此被广泛应用于各种民用电子产品和智能家居设备中。但是 STM 系列单片机的开发环境对于初学者而言有一定难度，因此其更适合有一定开发经验的工程师使用。

Arduino 系列最小系统是基于 Atmel、STC 等公司的单片机进行二次开发形成的，它可以直接作为独立的单片机使用，因此，在本书中，我们将 Arduino 系列最小系统简称为 Arduino 或 Arduino 单片机。Arduino 单片机有几十款产品，可以满足不同性能、不同尺寸、不同应用场合的需要。而且在国内外广大电子爱好者的共同努力下，很多 Arduino 的衍生产品和改进型号不断涌现，它们几乎可以满足所有单片机开发的需求。

Arduino 单片机的主要缺点之一是其价格相对较高。然而，国产兼容版本的 Arduino 单片机的价格较低，因此，国内许多电子爱好者和开发者更倾向于选择成本较低的国产兼容版本。

Arduino 具有以下几个方面的优点：

(1) 拥有友好的开发环境。Arduino 的开发环境设计得相当直观简洁，使得初学者能够迅速熟悉并开始使用。一些专业的电子工程师认为简洁的开发环境在调试和错误排查方面存在局限，因此 Arduino 开发团队为了满足不同用户的需求，推出了专业版本的开发环境——Arduino Pro IDE，同时 Arduino 的普及版开发环境仍在持续更新和改进，以适应更广泛的使用场景。实际上，从笔者的角度看，简洁的开发环境并不是缺点。一个功能丰富的开发环境可以成为开发人员的利器，但优秀的电子工程师更应注重依靠自身的思考和判断能力来发现和解决问题，而非过度依赖工具。

(2) 开发语言易于掌握。Arduino 的开发语言与 C 类语言相似，对于已经熟悉 C 类语言的开发者来说，掌握 Arduino 语言的语法、运算操作符和关键字等变得相对容易。此外，根据单片机的运行特性，Arduino 的开发框架将 Arduino 的开发语言分为两部分：初始化部分和循环执行部分。初始化部分在电路启动时运行一次，用于设置电路的初始状态和配置；而循环执行部分则在电路进入正常运行后不断重复执行，用于处理持续的任务和响应外部事件。这样的结构设计使得开发者能够更有条理地规划和组织电路系统在不同运行阶段需要执行的操作，从而提高了开发效率和程序的可维护性。

(3) Arduino 提供了大量的示例代码，这使得初学者能够快速学习如何使用 Arduino 控制各种执行器件或读取传感器数据。这些示例代码对于初学者来说是宝贵的资源，使得他们在面对不熟悉的器件时不会感到无助。同时，Arduino 拥有由官方和第三方开发者共同创建的丰富驱动库，这是 Arduino 最吸引人的特点之一。这些驱动库极大地简化了电路系统的开发过程，开发者无须从零开始编写底层驱动，可以直接着手实现电路的功能，显著缩短了开发周期。

1.2　Arduino 的发展历史

Arduino 于 2005 年诞生在意大利的伊夫雷亚(Ivrea)，其创始人之一 Massimo Banzi 当时是意大利伊夫雷亚交互设计学院的老师。他的学生们经常抱怨找不到便宜又好用的微控制器。2005 年冬天，Massimo Banzi 与另一位创始人 David Cuartielles (一位西班牙籍的芯片工程师，当时在这所学校做访问学者)讨论了这个问题。经过一番讨论，两人决定设计一款简单、便宜、易用的电路板，并邀请了 Massimo Banzi 的学生 David Mellis 为电路板设计编程语言。两天以后，David Mellis 写出了开发环境的基本代码。又过了三天，第一块电路板也制作完成。Massimo Banzi 喜欢去一家名叫 di Re Arduino 的酒吧，该酒吧是以 1000 年前意大利国王的名字 Arduin 命名的。为了纪念这家酒吧，他将这块电路板命名为 Arduino。

对于 Arduino 的诞生过程，我只能称之为传奇。两个极具实力的老师与一个同样出色的学生，在极短的时间内共同开发出了这样一个风靡全球的划时代作品。它让无数曾经对枯燥抽象的电路感到畏惧的门外汉们发出感叹，原来探索硬件世界可以这么简单、这么有趣。

Arduino 被开发出来后，其开发团队慷慨地将 Arduino 开源。也就是说，世界上任何一个人都可以免费获取 Arduino 的电路图，并且可以合法地生产、开发和销售 Arduino 软件和硬件，甚至不需要告知 Arduino 的初创者。但是在 Arduino 的任何一款产品的基础上开发出来的升级版本或者衍生物，也必须遵守知识共享(Creative Commons，CC)协议，且开发者必须将其开源共享。Arduino 的开发团队仅仅保留的是 Arduino 的商标。如果他人想要使用这个商标，那么他们需要向 Arduino 的开发团队支付一定的费用。Arduino 的商标如图 1.1 所示。

图 1.1　Arduino 的商标

1.3　Arduino 家族的成员

1. UNO

　　Arduino 家族的第一个成员是 UNO，UNO 在意大利语中意为"第一"。Arduino 的开发团队希望 UNO 能够成为一个标准模型。事实上，UNO 的确成了 Arduino 家族中最受欢迎的一款产品。目前，Arduino UNO 已经推出至第三版，也就是 R3 版。Arduino UNO R3 的外观如图 1.2 所示。对于在意大利生产的原版 UNO，其主控芯片 Mega328P 采用双列直插(Dual In-line Package，DIP)封装，可拆卸。对于在中国生产的兼容版 UNO，其主控芯片采用贴片封装，因此主控芯片不能更换。

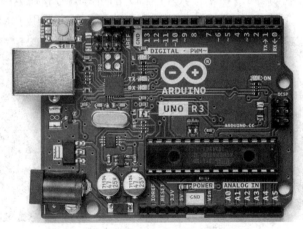

图 1.2　Arduino UNO R3 的外观

　　UNO 是 Arduino 家族中最适合初学者使用的一款单片机，它在各个型号中性价比最优，这也是它最受欢迎的原因之一。UNO 最初采用 Atmel 公司的 ATmega168 芯片作为控制核心。经过几次版本升级后，现在 UNO 的第三个版本(R3)采用 Atmel 公司型号为 ATmega328P 的 8 位 MCU 作为控制核心。UNO 的主要参数如下：工作电压为 5 V；MCU 的工作时钟频率为 16 MHz，由板载晶振提供。UNO 包含大小为 32 KB 的闪速存储器(Flash Memory)，Flash Memory 的作用类似于电脑中的硬盘；大小为 2 KB 的静态随机存储器(SRAM)，它的作用类似于电脑中的内存；大小为 1 KB 的电擦除可编程只读存储器(EEPROM)，它的作用类似于电脑中的基本输入输出系统(BIOS)。这样的配置使得 UNO 可以满足绝大多数控制类电路的代码设计需求。

UNO 的程序代码可以通过 USB-A 口进行下载和调试,也可以通过串口直接下载。UNO 有 14 个数字输入输出引脚(在本书中简称为数字引脚),其中 6 个引脚可以复用为脉宽调制(Pulse Width Modulation,PWM)输出引脚。此外,UNO 还有 6 个模拟输入引脚,这 6 个引脚也可以复用为数字引脚。在通信协议方面,UNO 支持 TWI 通信协议、UART 通信协议、SPI 通信协议。

2. Mega 2560

Mega 2560 是 Arduino 家族中一款存储资源极其强大、接口资源极其丰富的单片机。它采用 Atmel 公司型号为 ATmega 2560 的 8 位 MCU 作为控制核心。与 UNO 一样,Mega 2560 采用工作时钟频率为 16 MHz 的晶振作为电路的时钟信号源,同样采用 5 V 标准工作电压。

与 UNO 不同的是,Mega 2560 的 Flash Memory 的大小为 256 KB,SRAM 的大小为 8 KB,EEPROM 的大小为 4 KB。容量巨大的存储器和运行内存使得 Mega 2560 非常适用于承载复杂算法的控制程序。

在引脚资源方面,Mega 2560 同样展现出 UNO 无法比拟的优势。Mega 2560 有 54 个数字引脚,其中 15 个数字引脚可以复用为 PWM 输出引脚。它还有 16 个模拟输入引脚,它们全部都可以复用为数字引脚。

Mega 2560 的程序代码可以通过 USB-A 口进行下载和调试,也可以通过串口直接下载。在通信协议方面,Mega 2560 支持 TWI 通信协议、UART 通信协议、SPI 通信协议。

Mega 2560 的外观如图 1.3 所示,其左半部分的引脚编号和在电路板上的位置与 UNO 的完全相同。因此,针对 UNO 所设计的代码和电路板可以直接用于 Mega 2560。

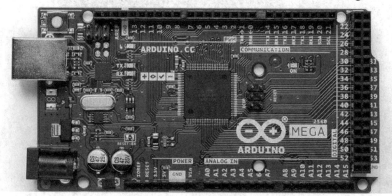

图 1.3　Mega 2560 的外观

3. Nano

Nano 是 Arduino 家族中体型很"娇小"的成员,它非常适用于对体积要求比较高的应用场合。它的长度仅为 45 mm,宽度为 18 mm,引脚间距符合标准欧标尺寸。因此,Nano 能够直接与任何符合标准欧标尺寸的 DIP 插座或电路板进行连接或焊接。

Nano 的控制核心采用的是 Atmel 公司型号为 Mega 328 的 8 位 MCU,其主要参数与 UNO 的相同:工作电压为 5 V;Flash Memory 的大小为 32 KB,SRAM 的大小为 2 KB,EEPROM 的大小为 1 KB;MCU 的工作时钟频率为 16 MHz,由板载晶振提供。

    Nano 的程序代码可以通过 Mini USB-B 口进行下载和调试，也可以通过串口直接下载。Nano 有 14 个数字引脚，其中 6 个引脚可以复用为 PWM 输出引脚。此外，它还有 8 个模拟输入引脚，它们都可以复用为数字引脚。在通信协议方面，Nano 同样支持 UART 通信协议、SPI 通信协议和 TWI 通信协议。

    Nano 的外观如图 1.4 所示。Nano 还有一种 3.3 V 版本，其晶振频率为 8 MHz，在购买和使用时要注意甄别。

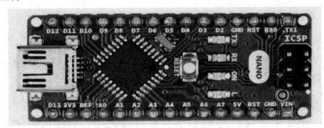

图 1.4   Nano 的外观

4. Leonardo

    Leonardo 的控制核心采用的是 Atmel 公司的 ATmega32U4，而不是 ATmega328P。Leonardo 的主控 MCU 内置了标准的 USB 通信协议，不需要通过外加的 USB 转串口协议芯片即可实现 USB 通信。因此，Leonardo 具有强大的 USB 支持功能，适用于设计各种 USB 支持的电子产品，例如 USB 鼠标、USB 键盘、USB 控制器及 USB 数据传输设备等。此外，Leonardo 上集成的 USB 接口是 Micro USB 口。Leonardo 的体积更加小巧[4]。

    Leonardo 的 Flash Memory 的大小为 32 KB，SRAM 的大小为 2.5 KB，EEPROM 的大小为 1 KB；MCU 的工作时钟频率同样是 16 MHz，由板载晶振提供。

    Leonardo 的工作电压也是 5 V。它有 20 个数字引脚，其中 7 个引脚可以复用为 PWM 输出引脚，6 个引脚可以复用为模拟输入引脚。此外，Leonardo 还有 6 个专用的模拟输入引脚，这 6 个引脚都可以复用为数字引脚。

    Leonardo 的外观如图 1.5 所示。注意，它的外观与 UNO 的很像，但是它们的主控芯片不一样，而且 Leonardo 的电路板上写有“LEONARDO”字样。另外，Leonardo 的程序下载口是 USB 的安卓接口，即 Micro USB 口。

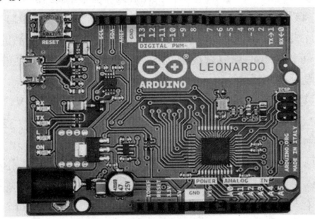

图 1.5   Leonardo 的外观

5. Mini

Mini 和 Mini Pro 是 Arduino 家族中体积最小的产品，其长度仅为 30 mm，宽度仅为 18 mm。在目前市场上，Mini Pro 版本更为常见，但通常人们习惯将这两个型号统称为 Mini。

早期版本的 Mini 采用的是 Atmel 公司型号为 ATmega 168 的 8 位 MCU，而后期扩展版本中采用了型号为 ATmega 328 的 MCU。目前，以上两种版本的 Mini 在市场上都可以买到，读者在购买时需要仔细甄别。

Mini 的 328 版本的 Flash Memory 的大小为 32 KB，SRAM 的大小为 2 KB，EEPROM 的大小为 1 KB；MCU 的工作时钟频率为 16 MHz，由板载晶振提供；Mini 的工作电压为 5 V[5]。

为实现体积最小化，Mini 舍弃了 USB 接口以及 USB-TTL 转换芯片，因此 Mini 只能够通过串口下载程序，这要求使用者需要具备一定的电路设计专业知识。此外，Mini 有多种引脚分布版本，都不符合 DIP 引脚规范。因此开发者在使用 Mini 时需要制作专用的印制电路板。总而言之，Mini 更加适合专业的电子工程师使用，不建议初学者选用 Mini 进行开发设计。

Mini 的外观如图 1.6 所示。

图 1.6　Mini 的外观

6. Zero

Zero 与前面几款产品有着本质的区别。Zero 的控制核心采用的是 Atmel 公司的型号为 SAMD21 的 MCU。该型号 Arduino 单片机的 MCU 搭载的内核是 ARM Cortex-M0+，这就意味着这个型号单片机的 MCU 的数据位宽是 32 位，而前面几款产品的 MCU 的数据位宽是 8 位。因此 Zero 可以搭载运算复杂度很大的算法，还可以进行数据的处理、提取、滤波等操作，而不仅仅限于控制操作。

由于 Zero 的运算核心是 ARM 核，因此 Zero 的工作电压是 3.3 V，而不是 8 位单片机常用的 5 V。Zero 的 Flash Memory 的大小为 256 KB，SRAM 的大小为 32 KB，无 EEPROM，其 MCU 的工作时钟频率为 48 MHz[6]。

在引脚资源方面，Zero 有 14 个数字引脚，其中 10 个引脚可以复用为 PWM 输出引脚。它还有 6 个模拟输入引脚和 1 个模拟输出引脚，这些模拟引脚都可以复用为数字引脚。

Zero 从外形上看与 UNO 很相似，但是与 UNO 显著不同的是 Zero 有两个 Micro USB 口，这两个口都可以作为程序下载口或者调试代码口。

Zero 的外观如图 1.7 所示。

图 1.7　Zero 的外观

7. Due

Due 的外形与 Mega 2560 的外形很相似，它们的外观尺寸和引脚编号也类似。但是就像 UNO 和 Zero 的关系一样，Due 和 Mega 2560 也有着本质区别。

Due 的控制核心采用的是 Atmel 公司型号为 SAM3X8E 的 MCU。这个 MCU 搭载的是 ARM Cortex-M3 内核，因此 Due 执行复杂运算的能力优于 Zero[7]。

因为 Due 采用 ARM 的 CPU 作为内核，因此其工作电压是 3.3 V。系统总线的数据位宽是 32 位。Due 的 Flash Memory 的大小为 512 KB，SRAM 的大小为 96 KB，无 EEPROM；其 MCU 的工作时钟频率是 84 MHz。

在引脚资源方面，Due 共有 54 个数字引脚，其中 12 个引脚可以复用为 PWM 输出引脚。Due 的外观如图 1.8 所示。注意 Due 与 Mega 2560 的显著区别在于 Due 有两个 USB 的安卓接口。

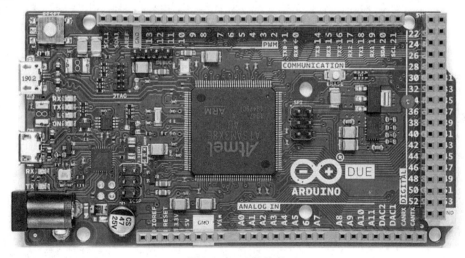

图 1.8　Due 的外观

8. 其他型号

Arduino 自诞生以来已经经历了十几年的发展历程。在这个过程中，Arduino 开发团队经历了变更、分裂以及最终的重新融合，同时也面临了开源共享理念与商业化之间的矛盾和挑战。正如任何事物的成长都不是一帆风顺的，Arduino 也经历了许多挑战。至今，Arduino 及其相关扩展产品已经发展出超过一百种不同的型号。其中，一些型号由于各种原因在发展过程中被官方停止更新并处于停产状态，比如知名的 LilyPad 型号(尽管电子爱好者们依然可以自行开发和复制这些产品)。另一些型号则在升级完善的过程中被更新的版本所取代，如 UNO R1 和 UNO R2。更多的型号则是在原始型号的基础上通过扩展和集成了更多附加功能而形成了一系列的产品，其中以 UNO 系列最为典型，其扩展版本包括 UNO WIFI、ARDUINO 101、ARDUINO ETHERNET、ARDUINO ISP、ARDUINO M0 等多种型号。

Arduino 已经推出了众多型号，并且新型号仍在持续推出。开发者无须对每一个型号和产品都有深入的了解，只需掌握某一型号的基础知识，并在遇到新型号时关注其与旧型号的主要差异，便能够迅速适应新型号。因此，本书将重点介绍一些常见和基础的 Arduino 型号，对于其他较为罕见的型号，本书不作详细介绍，读者可以依据个人兴趣和需求自行查找相关资料进行学习。

第 2 章　开发环境和开发语言

本章将介绍 Arduino 的开发环境和开发语言。

在硬件实验平台方面，我们选择的是最广为人知的 Arduino UNO R3。读者可以根据自己的实际情况选择购买原版的 UNO R3 或者其他厂家生产的与 UNO R3 兼容的 UNO 单片机。只要是合格的产品，都不会影响使用和电路的运行结果。

在软件开发环境方面，我们选择的是基于 Windows 操作系统的 Arduino IDE 1.8.x 版本。Arduino 的开发环境是一个非常友好的集成开发环境(IDE)，在 Windows、Linux 和 MacOS 等操作系统上，其使用体验保持一致。因为 Arduino IDE 的设计已经相当成熟，所以新旧版本之间的差异并不显著。

在电路设计方面，我们尽量将 UNO 与元器件直接连接，或者通过面包板进行连接，这样可以使开发环境具有通用性。但是在搭建一些比较复杂的电路时，也可以使用一些有针对性的扩展板来简化电路连接，读者可以根据个人需求和实际情况进行选择。

2.1　开发环境

2.1.1　硬件平台

1. 供电方式

UNO 的标准工作电压是 5 V，其供电方式有四种，可以满足开发者在各种应用场合的需求。

第一种供电方式是通过图 2.1 中 #1 所示位置的圆形 DC 口输入 7~12 V 的直流电压给 UNO 供电。该电压经过电路板上的稳压器件稳压后，为 MCU 提供一个稳定的 5 V 电压。这种供电方式适用于整个设计的供电系统采用的电源电压较高的情况。需要注意的是，尽管 UNO 上的稳压芯片的性能和稳定性在通常情况下可以保证系统稳定运行，但是开发者仍然要控制输入电源电压的波动。输入电压最好来自比较平稳的电源，例如电池包。如果使用交流转直流的电源，那么一定要选用低纹波的电源。此外，稳压芯片的额定供电电压有一个有效范围，正常情况下是 7~12 V。尽管 Arduino 官方手册指出极限供电电压范围可以扩展到 6~20 V，但是尽量不要让输入电压长时间处于极限范围内。如果电压过低或者过高，那么可能会带来一些不可预料的后果。当输入电源电压低于 7 V 时，系统可能会因为供电不足而出现一些错误的执行操作。当输入电源电压长期高于 12 V 时，电路板上的稳压芯片可能会出现过热现象，从而使芯片的使用寿命缩短，严重时可能会使稳压芯片烧毁。

第二种供电方式是通过图 2.1 中 #2 所示位置的 USB 口直接为电路板提供 5 V 电压。这种供电方式为开发者初步创建电路和调试电路提供了极大的便利，开发者只需要把 USB 电缆连接到 UNO 开发板上就可以正常编码和调试电路了。但是，需要注意的是，整个电路板的所有电流都来自 USB 口，这就要求电脑的 USB 口能够提供足够的电流。如果 UNO 需要驱动一些大功率器件，那么有可能会触发电脑 USB 口的过流保护。在这种情况下，应该考虑采用其他额外的供电方式来为大功率器件供电。

第三种供电方式是通过图 2.1 中 #3 所示位置的 Vin 和 GND 两个引脚为 UNO 供电。这种供电方式实质上和通过 DC 口供电是一样的。因为 Vin 引脚与 DC 口的正极相连，GND 引脚和 DC 口的负极相连。因此采用这种方式供电时，对输入电源电压的要求与采用第一种供电方式时是一样的，即标准输入电压范围是 7~12 V，电路能够承受的极限电压范围是 6~20 V。

第四种供电方式是通过图 2.1 中 #4 所示位置的 5 V 引脚和 GND 引脚来给整个系统供电。采用这种方式供电时，会绕过电路板上的稳压芯片，直接将 5 V 电压送到 MCU 芯片。如果不慎将 UNO 上的稳压芯片烧坏而导致 UNO 无法工作，那么可以采用这种方式给 UNO 供电，从而使 UNO 正常运行。但这是一种特殊情况下的应急处理手段，不建议作为电路设计时的常规方案。

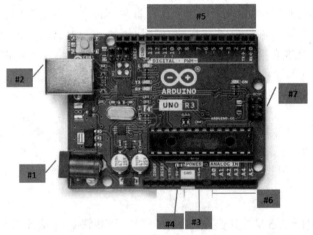

图 2.1   Arduino UNO

2. 数字引脚与 PWM

UNO 共有 14 个数字引脚，引脚编号为 0~13，对应图 2.1 中#5 所标示的位置。这 14 个引脚均可用作数字类型的通用输入输出(GPIO)引脚。其中 3、5、6、9、10、11 号引脚前标有 ~ 符号，表示这 6 个引脚可以直接通过指令控制输出 PWM 信号。

所谓数字引脚，是指只能输出标准低电平(0 V)和标准高电平(在 UNO 中为 5 V)的引脚。低电平和高电平分别对应二值逻辑中的 "0" 和 "1"。

当数据引脚输出 PWM 信号时，其本质仍是输出 "0" 和 "1" 的逻辑电平，但通过控制高低电平的时间比例，能够粗略地模拟出不同电压值的连续变化效果。

UNO 的其余 8 个没有标示 ~ 符号的数字引脚也可以实现 PWM 信号的输出，只不过需要使用者自行编写相应的控制代码。

PWM 的工作原理是通过输出频率相同但电平宽度可变的周期性信号来达到与模拟电路任意调整电压值大小近似的效果。例如，在一个供电电源电压是 5 V 的模拟电路中，输出一个 2.5 V 左右的信号是可以实现的。但是在数字电路中，电路能够输出的信号电压值只有两个可能，要么是 0 V，要么是 5 V。如何在数字电路中实现输出 2.5 V，或者近似实现输出 2.5 V 的效果呢？PWM 给出了一个实现难度较低且成本低的解决方案，即以一个较高的频率交替输出 50%的高电平和 50%的低电平，这样对于反应不是很及时的器件来说，就得到了和 2.5 V 电压近似的效果。可以这样理解，如果我们手上有一杯刚刚烧开的 100℃ 的开水和一杯刚刚从冰箱里面拿出来的 0℃的冰水，那么将两杯水混合起来，就可以得到一杯 50℃的温水。

基于以上原理，理论上我们可以通过"兑开水"的方法来得到任意数值的模拟电压，即只需要调整一个周期内高电压和低电压的比例关系。但是，事实与预期还是有一点差距的，因此我们并不能随心所欲地得到任何想要的电压值。不过这个差距的影响极小，可以忽略不计。

由于 PWM 输出信号的频率是固定的，因此在对引脚进行设置时，只需要控制它的高电平宽度即可。UNO 的控制核心是 8 位 MCU，所以用一个 8 位二进制无符号数(数值范围为 0～255)表示高电平的宽度在一个周期信号中所占的比例(称为占空比)，计算公式为

$$V_e = \frac{N_{set}}{255} \times 5 \tag{2.1}$$

式中，V_e 是想要获得的等效电压；N_{set} 是所给出的设定数值，它必须是一个 0～255 范围内的整数。将 N_{set} 设置为 0 时，PWM 输出信号中高电平的占空比为 0%，也就是 PWM 输出信号中不含高电平；设置 N_{set} 为 255 时，PWM 输出信号中高电平的占空比为 100%，也就是 PWM 输出信号中全部是高电平；设置 N_{set} 为 127 时，PWM 输出信号中高电平的占空比约为 49.8%；设置 N_{set} 为 128 时，PWM 输出信号中高电平的占空比约为 50.2%。从这里就可以看出，由于 N_{set} 只能为整数，因此无法精确地得到占空比为 50%的等效电压。但是这点差异对所设计的电路的功能没有影响，所以我们可以忽略这点差异，取一个最接近的近似值就可以了。

3. 模拟输入引脚

UNO 共有 6 个模拟输入引脚，引脚编号为 A0～A5，对应图 2.1 中 #6 所标示的位置。这 6 个引脚可以用于测量与之相连的电路的电压值，并把该电压转换为一个具体的数值。转换得到的数值的大小不仅与被检测电压的实际值有关，还与 AREF 引脚上所接的参考电压有关，其计算公式为

$$D = \left\lfloor \frac{V_{test}}{V_{REF}} \times 1023 \right\rfloor \tag{2.2}$$

式中，D 是测量结果计算后得到的数据；V_{test} 是被检测电压；当 AREF 引脚上接有一个恒定电压源时，V_{REF} 等于这个电压源的电压，当 AREF 引脚上没有接任何恒定电压源时，V_{REF} 等于系统的供电电压，即 5 V。

这 6 个模拟输入引脚也可以作为普通的数字引脚使用。但是当这 6 个引脚经过引脚配

置并作为数字引脚使用后，它们在代码运行阶段将不再作为模拟输入引脚使用。只有当系统重启并且重新运行其他代码时，这 6 个引脚才能重新作为模拟输入引脚使用。

4. 其他引脚

1) 电源引脚

UNO 上有 3 个 GND 引脚，可以让使用者更方便地连接电路。UNO 上至少有一个 5 V 电压引脚。由于当前市场上 UNO 的兼容版本非常多，因此 5 V 电压引脚的数量和位置可能存在差异。从官方版本的 UNO 来看，只在 GND 引脚旁边有一个 5 V 电压引脚，即图 2.1 中 #4 所标示的位置。

现今，电路的设计和制造趋势向着低压、低能耗器件的方向发展。目前，市场上的两种主流供电电压是 5 V 和 3.3 V。为了能够更好地与 3.3 V 电压的器件连接，UNO 上给出了一个 3.3 V 电压引脚。

以上两个电源引脚在 UNO 官方电路板上均有明确标识，便于用户识别。由于国内存在众多的 UNO 兼容版本，所以 5 V 和 3.3 V 电压引脚的数量和位置可能会有些许变化。但是无论哪一个 UNO 兼容版本，用户都可以通过电路板上的标识找到这两种电源引脚。

2) 复用通信引脚

(1) 通用异步串行接口(UART)。对大多数开发者而言，最常用的通信引脚无疑是通用异步串行接口(UART)，它通常被简称为串口。UNO 的串口只有一个，即一组 RX 和 TX 引脚。这两个引脚与数字引脚中的 0 号和 1 号引脚复用，其中，RX 引脚与 0 号引脚复用，TX 引脚与 1 号引脚复用。

由于 UNO 的控制核心是型号为 ATmega328P 的 MCU，且 UNO 没有集成的 USB 接口电路，因此，UNO 与电脑之间的通信是通过串口与 USB 转 TTL 芯片(这个芯片的选型有多个版本，官方版本、中国兼容版本与欧洲兼容版本都不一样)通信，USB 转 TTL 芯片再与电脑的 USB 口通信来间接完成的。UNO 与电脑的通信机制如图 2.2 所示。

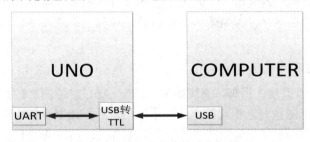

图 2.2　UNO 与电脑的通信机制

因此，在设计电路时，0 号引脚和 1 号引脚应该留到不得已的时候再用，这样有利于电路代码的调试。而且在下载代码时，不要在 0 号、1 号两个引脚上连接其他器件，否则可能会导致代码无法正确地下载。

(2) TWI 接口。UNO 可以执行 TWI 通信协议，并能够与其他器件通过 I^2C 总线进行连接通信。在使用 I^2C 总线时，需要用到 SDA 和 SCL 两个引脚。SDA 和 SCL 引脚分别与模拟输入引脚中的 A4、A5 引脚复用。也就是说，当需要用 I^2C 总线与其他器件连接时，A4、A5 两个引脚将会被占用，不能再用作模拟输入引脚或者数字引脚。反之也是一样，当 A4 和 A5 两个引脚被用作模拟输入引脚或者数字引脚时，这两个引脚不能再用作 SDA 和 SCL

功能引脚。

(3) ICSP 接口。UNO 上有一个 ICSP 接口，用于与其他器件通过 SPI 通信协议通信。UNO 进行 SPI 通信时需要用到 SS、MOSI、MISO、SCK 四个引脚。这四个引脚分别与数字引脚中的 10、11、12、13 号引脚复用。因此，当 UNO 需要进行 SPI 通信时，10、11、12、13 号引脚将会被占用，这些脚不能再用作数字引脚。

同理可知，当 10、11、12、13 号引脚用作数字引脚时，它们不能再作为 SPI 通信引脚使用。需要注意的是，UNO 上 ICSP 接口(图 2.1 中 #7 位置)处预留了一组与 ICSP 插头相匹配的引脚。这组引脚中的四个引脚与 10、11、12、13 号引脚是连接到一起的。如果我们在 ICSP 接口上连接了器件，那么就不能在 10～13 号引脚上连接任何器件，否则会导致电路无法正常工作，甚至烧毁电路。

5. 板载 LED

UNO 上共有 4 个 LED，分别标示为 ON、RX、TX 和 L，这 4 个 LED 均为状态指示灯，用于表示各自对应信号的状态。

(1) ON。ON 是电源指示灯。当这个 LED 亮起时，说明整个系统的 5 V 供电是正常的。因此，无论 Arduino 以何种方式供电，我们都可以通过这个 LED 来判断系统供电是否正常。如果这个 LED 没有亮起，那么应该检查供电系统是否正常，或者电路板是否损坏。

(2) RX 和 TX。RX 和 TX 分别与 0 号引脚和 1 号引脚相连。当 0 号和 1 号引脚上有数据传输时，RX 和 TX 两个 LED 会闪烁，这也可以作为判断这两个引脚是否正在工作的简便方法。

(3) L。标注为 L 的 LED 通常称为 L 灯，这个 LED 的正极通过电阻和驱动电路与 13 号引脚相连，负极直接与标准地(通常是电路的零电位点，即接地点)相连。因此，当 13 号引脚输出高电平时，L 灯就会亮起。

在不附加任何外围器件的情况下，开发者仅仅通过一根下载线和几行简单的程序就可以粗略地判断 Arduino 器件的功能是否正常。实际上，每一块新的 Arduino 器件在出厂时都已预置了一个 L 灯闪烁程序，用户只需要给 Arduino 通电，观察 L 灯是否按预期闪烁，就可以看出程序是否正常运行。13 号引脚与 L 灯的连接电路图如图 2.3 所示。

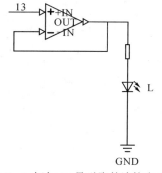

图 2.3　L 灯与 13 号引脚的连接电路图

2.1.2　软件开发环境

本节，我们将介绍 Arduino 的开发环境，笔者将以 Windows 操作系统的 1.8.x 版的普及版本为例进行初步的介绍。更加详细的操作，我们会在后续的例子中进行介绍。读者会在一个个的实例操作中不知不觉地掌握这个简洁又友好的开发环境。至于针对专业人士的 Pro 版本，笔者认为无须介绍，它的开发环境和其他单片机的开发环境相似，一个合格的电子工程师只需要一个小时就能很快熟悉它。

　　Arduino 的开发环境采用一个集成开发环境(IDE)，毕竟它的设计初衷是让初学者能够更容易地学会硬件开发。因此，Arduino IDE 具有编码、语法编译、代码下载、运行调试等功能。尽管很多 Arduino 的爱好者开发了多种针对 Arduino 的独立开发或者调试环境，但是笔者还是建议初学者从 Arduino IDE 这个官方开发环境开始。

1. Arduino IDE 的下载及安装

　　Arduino IDE 的软件安装包可以从官方网站上下载，网址如下：

https://www.arduino.cc/ en/software

也可以从 Github 上下载，不过在通常情况下，由于网络的原因，从 Github 上下载会比较慢。

　　Arduino 在官方网站的下载界面如图 2.4 所示。图 2.4 中箭头 1 所指向的位置就是当前最新的稳定版本的下载区域。在这个区域中，有对应 Windows、Linux 和 Mac OS 等操作系统的不同安装包。对于 Windows 操作系统，用户也可以直接下载 Zip 压缩包文件，解压后点击可执行文件 arduino.exe 即可运行 Arduino IDE。但是为了方便配置环境，仍然建议初学者下载安装包进行安装。

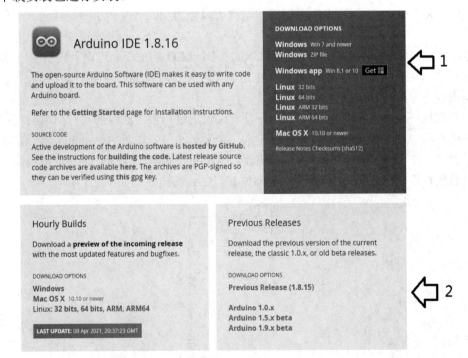

图 2.4　Arduino 在官方网站的下载界面

　　开发者也可以在图 2.4 中箭头 2 所指的区域中下载一些比较旧的版本或者尚未稳定的 beta 版本，这适合有特殊需求的用户。如果没有特殊需要，建议开发者下载最新的正式发布的版本。

下面以在 Windows 7 操作系统中安装为例，讲解 Arduino IDE 的安装过程。

第一步：如图 2.5 所示，点击官方网站的下载界面上的"Windows Win 7 and newer"，并打开链接。如果开发者的操作系统是 Windows 10 以上的版本，那么请点击"Windows app Win 8.1 or 10"选项。

随着 Arduino IDE 开发版本的不断更新，图 2.5 所示的下载界面可能会有所变化，不过相信读者可以很快找到和自己电脑相匹配的软件版本。

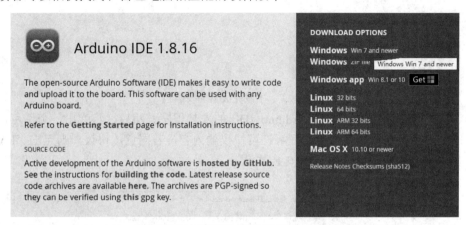

图 2.5　Arduino IDE 下载链接

第二步：网站会弹出一个提示，询问是否愿意向 Arduino 组织赞助，捐赠及下载界面如图 2.6 所示。开发者可以根据自身的经济条件决定是否赞助，如果愿意赞助，则点击"CONTRIBUTE & DOWNLOAD"按钮进行捐赠并下载；如果暂时没有赞助的打算，则点击"JUST DOWNLOAD"按钮进行下载即可。

图 2.6　捐赠及下载界面

点击下载后，Arduino IDE 的安装包就会开始下载。根据开发者所在的地理位置以及网速的快慢，下载时间可能需要几分钟或者十几分钟。下载完成后，在下载路径所指向的文件夹中可以找到名为"arduino-1.8.16-windows.exe"的可执行文件，如图 2.7 所示。

图 2.7　下载完成后的安装包

第三步：双击安装包，启动 Arduino IDE 的安装程序。随后，将弹出一个许可协议窗口，如图 2.8 所示。请认真阅读并理解许可协议的内容，若同意该协议，则点击"I Agree"按钮，以确认接受许可协议并继续安装过程。

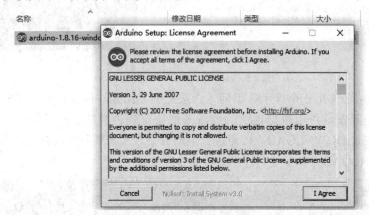

图 2.8　许可协议

第四步：进入安装选项界面，会弹出如图 2.9 所示的选择窗口。如果没有特殊的原因，那么不要做任何改动，直接点击"Next"。

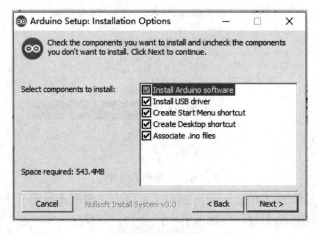

图 2.9　安装选项

第五步：出现如图 2.10 所示的软件安装路径提示，开发者可以根据自己电脑磁盘的情况修改软件的安装路径，也可以采用默认路径进行安装。确认路径后点击"Install"。

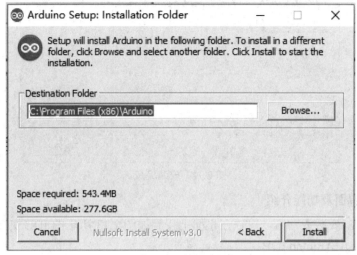

图 2.10　安装路径

第六步：当安装过程进入最后阶段时，会启动硬件驱动安装程序，界面如图 2.11 所示。由于不同系统的安全设置不同，硬件安装程序很可能被拦截，并弹出窗口询问是否确定要安装这个驱动。勾选"始终信任"部分的选项后点击安装。后续可能会多次弹出类似的窗口，都选择信任和安装。

如果硬件驱动顺利安装完成，那么开发者可以看到如图 2.12 所示的结果，然后点击"Close"选项，整个安装过程结束。如果在某些硬件的安装过程中出现问题，那么系统会弹出安装失败的提示窗口。此时，开发者需要根据提示信息手动安装对应的硬件驱动程序，安装完成后才能正常使用该硬件进行开发设计。

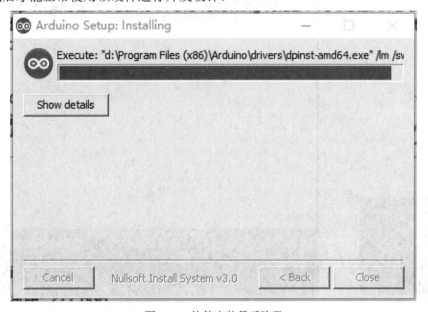

图 2.11　软件安装最后阶段

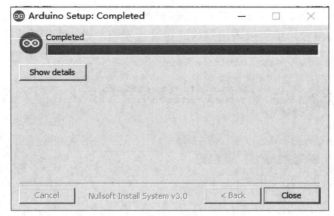

图 2.12　安装完成

2. IDE 的界面及功能介绍

Arduino IDE 安装成功后,可以在桌面上找到如图 2.13 所示的 IDE 快捷方式图标。双击此图标即可打开 Arduino IDE。

双击 IDE 快捷方式图标后,可以看到 IDE 的主界面,如图 2.14 所示。如果用户第一次打开 IDE,那么其主界面上会显示一个空白的代码结构,IDE 已经将编写代码所必需的 setup()函数和 loop()函数建立了空函数,开发者只需要在对应的区域内填入功能代码就可以了。每当新建一个文件,IDE 会根据当前日期将这个文件命名为“sketch_”+“月份日期”+“英文字母排序”。但是开发者应该养成一个良好的设计习惯,将文件名改为能够明确体现设计功能特征的名字。

图 2.13　IDE 快捷方式图标　　　　　　　　图 2.14　IDE 的主界面

接下来，我们介绍菜单栏的功能。菜单栏共有五项，分别是"文件""编辑""项目""工具"和"帮助"。点击每个菜单项后，开发者都会看到相应的下拉子菜单。

1) "文件"菜单

点击菜单栏中的"文件"菜单，会出现多个下拉子菜单[8]，如图 2.15 所示。

图 2.15　"文件"菜单

(1) "新建"。点击这个子菜单后，会弹出一个新的编辑窗口，窗口内是一个空白的文件，开发者可以在这里输入代码并编辑代码。

(2) "打开"。点击这个子菜单后，会弹出一个 Windows 的文件选择窗口，开发者可以从不同的文件路径下选择需要打开的文件，如图 2.16 所示。值得注意的是，尽管对象类型中显示的是所有文件(*.*)，但这并不表示任何类型的文件都被正常打开。IDE 仅能够正常打开 ino 类型或 pde 类型的 Arduino 代码文件。

图 2.16　"打开"子菜单

(3) "打开最近的"。当鼠标指向这个子菜单时，会从向右的箭头处列出最近编辑过的文件。开发者可以很快从其中选择自己需要打开的文件，节省了在不同位置查找文件的时间。

(4) "项目文件夹"。这个选项在开发者处理多个位于不同文件夹下的代码文件时很有用，因为它会列出开发者近期打开过的文件所在的不同文件夹的名称。当开发者选择了不同的文件夹后，IDE 会打开一个新的独立窗口，并在其中打开对应文件夹下的设计文件。

(5) "示例"。这个选项中有很多类型传感器的简单应用示例。初学者在应用某种以前没有接触过的传感器时，可以先在此选项中查找是否有对应传感器的应用代码示例，这样可以极大地缩短开发者的学习时间，提高设计开发的效率。"示例"子菜单如图 2.17 所示。

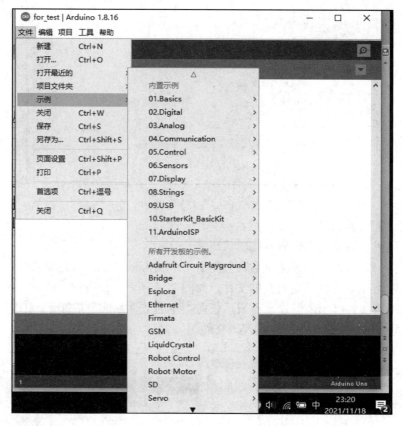

图 2.17　"示例"子菜单

(6) "关闭"。点击这个子菜单项将会关闭整个 IDE 窗口。如果被编辑的代码没有保存，那么 IDE 会提示是否需要保存更改后的内容。此外，如果有多个 IDE 窗口同时打开，关闭当前窗口不会影响其他窗口。

(7) "保存"。如果开发者编辑的文件是刚刚新建的，并且没有给它命名，那么在保存时，IDE 会弹出一个"项目文件夹另存为"的窗口，提醒开发者为该文件命名，并选择或确认该文件应存放的文件夹，如图 2.18 所示。当然开发者也可以直接使用 IDE 默认的文件名，但那绝对不是一个好习惯。开发者应该根据设计文件的功能或特性给它命名。

如果开发者编辑的是一个已存在的旧文件，那么在保存时，系统不会提示重命名，而是直接将修改后的文件内容覆盖原有的文件内容。

图 2.18　保存时提示重命名窗口

(8)　"另存为"。当点击这个子菜单项时，IDE 会弹出一个新的窗口，提醒设计者输入一个新的文件名，如图 2.19 所示，开发者可以在此窗口中为新文件命名。当点击窗口中的保存按钮后，当前文件将以开发者输入的新名字保存。但原文件仍然存在，不会被删除。这个子菜单项适用于文件的版本管理。尽管目前已有很多的自动版本管理工具，但是养成一个手动管理版本的好习惯仍然是很有必要的。一个或者一组设计文件在不同完成阶段的差别可能会很大，良好的版本管理有助于快速定位问题并实现代码回退。建立一个系统的版本管理方法可以为开发者节省很多时间。

图 2.19　"另存为"子菜单

(9)　"页面设置"。如图 2.20 所示，当开发者需要打印代码时，可以利用该子菜单项对打印页面的方向、页边距等参数进行设置。

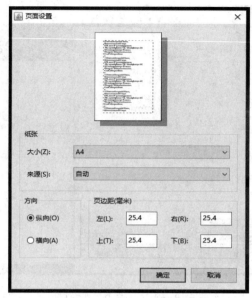

图 2.20　"页面设置"子菜单

（10）"打印"。该子菜单项用于打印当前代码文件。

（11）"首选项"。该子菜单项用于设置当前的 IDE 环境，合适的设置会给开发者的编码和调试工作带来很多便利。点击该选项后会弹出如图 2.21 所示的设置界面。在这个界面中，开发者可以设置一些对代码调试工作很有利的选项，从而为设计工作节省很多时间。

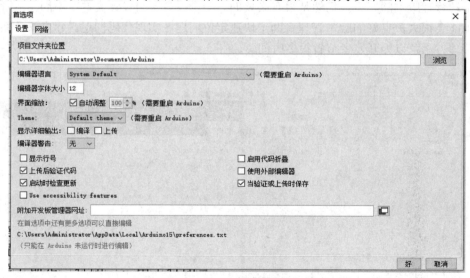

图 2.21　"首选项"设置界面

"首选项"子菜单中各个选项的功能如下。

① "项目文件夹设置"：用于设置项目文件的默认保存位置，默认位置通常在 C 盘的 Arduino 专用文件夹内。这个文件夹不仅用于存放设计者的代码文件，同时还会存放后来添加的其他库文件。

② "编辑器语言"：默认选项是 "System Default"，也就是采用 Windows 操作系统的默认语言设置。如果电脑的系统语言是中文，那么 Arduino IDE 的界面语言就是中文；如

果电脑的系统语言是英文，那么 Arduino IDE 的界面语言就是英文。开发者可以根据自己的喜好进行设置。

③ "编辑器字体大小"：默认值是 12 号字体。开发者可以根据自己的喜好调整字体大小。

④ "界面缩放" 和 "Theme"：分别用于设置 IDE 窗口大小和界面主题，一般不需要做任何修改。

⑤ "显示详细输出"：其中有两个选项，分别是 "编译" 和 "上传"。建议开发者同时勾选这两项。这样，在代码文件被编译和上传到硬件中时，会显示详细的过程信息，这些信息在编译或者上传出错的时候非常有用，可以帮助设计人员快速定位问题。

⑥ "编译器警告"：其中的设置等级有 "无" "默认" "更多" "全部" 四种选项，这些选项决定了编译器在编译过程中输出警告信息的详细程度。从 "无" 到 "全部"，警告信息的输出量逐渐增加。开发人员可以根据自己的实际需求和编程水平来选择合适的编译器警告等级。根据笔者的使用体验，如果选择 "无"，则编译器将只输出编译的最终结果，即成功或失败，而不会提供任何中间过程的警告信息。这种设置只适合那些对自己的代码非常有信心的开发者。而对于大多数开发者来说，为了确保代码的可维护性，建议勾选更高的编译器警告等级。如果选择 "全部"，则编译器将输出所有编译过程中产生的信息。虽然这样做可以提供最全面的信息，但也可能导致输出信息过于冗杂，难以快速定位到关键问题。因此，开发者应根据自己的编程水平和项目规模来设置合适的编译器警告等级。对于初学者来说，建议选择 "默认" 或 "更多"，以便在编译过程中获得足够的警告信息，帮助发现并修复潜在的问题。

此外，在剩下的设置选项中，"显示行号" 和 "启用代码折叠" 对于初学者来说是非常有用的。勾选 "显示行号" 可以方便开发者在查看和编辑代码时定位到具体的行，而 "启用代码折叠" 则可以帮助开发者折叠起一些不常用的代码块，使界面更加整洁，便于浏览和理解代码结构。因此，建议初学者在 "首选项" 中勾选上这两个选项。

点击此关闭选项将关闭所有打开的 IDE 窗口。如果所编辑的代码尚未保存，那么 IDE 会提示是否需要保存更改后的内容。

2) "编辑" 菜单

"编辑" 菜单的各个选项如图 2.22 所示。

图 2.22　"编辑" 菜单

"复原""重做""剪切""复制"这四个子菜单项的功能与其他软件中相同菜单项的功能相同，因此在本书中不做过多介绍。

子菜单项"复制到论坛"会在被复制内容的开头和结尾处自动加上 UBB 代码的标签。UBB 代码是一种通用的标记语言，其语法比 HTML 语言的更为简单。例如，当复制以下代码时：

```
void setup() {
    // put your setup code here, to run once:
```

如果用"复制"功能，那么粘贴后得到的就是原来的代码，没有任何改变；如果用"复制到论坛"功能，那么粘贴后得到的是如下内容：

```
[code]
void setup() {
    // put your setup code here, to run once:
[/code]
```

上述代码的开头和结尾被加上了 code 标签，这样的格式便于开发者直接在论坛网页中粘贴并正确显示代码。

子菜单项"复制为 HTML 格式"可将所复制的内容转换为 HTML 语言格式，这样方便开发者直接将所复制的内容粘贴到网页中。使用该项功能后，被粘贴到文本编辑器或浏览器中的内容如下：

```
<pre>
<font color="#00979c">void</font> <font color="#5e6d03">setup</font><font color="#000000">(</font><font color="#000000">)</font> <font color="#000000">{</font>
 <font color="#434f54">&#47;&#47; put your setup code here, to run once:</font>

</pre>
```

"编辑"菜单中的其他子菜单项的用法与其他软件中相同菜单项的用法基本一致，在此不做过多介绍。

3)　"项目"菜单

"项目"菜单的各个功能项如图 2.23 所示。

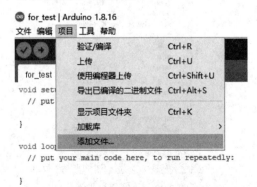

图 2.23　"项目"菜单

(1) "验证/编译"。该项用于对编辑框中的代码进行语法编译和检查，同时根据开发者在编译前所选择的 Arduino 型号的资源参数(如 SRAM 的大小、Flash Memory 的大小等)计算当前编译代码在对应 Arduino 中所占用资源的多少和比例。

(2) "上传"。该项用于编译代码，并将编译后得到的二进制文件写入 Arduino 中。此项适用于有板载 USB 转 TTL 芯片的 Arduino 型号，例如 UNO、Mega 2560、Nano 等。

(3) "使用编程器上传"。当 Arduino 中没有板载 USB 转 TTL 芯片作为下载路径时，此项允许开发者使用外部的 USB 转 TTL 下载器下载 Arduino 代码。此项适用于没有板载 USB 转 TTL 芯片的 Arduino 型号，例如 Mini 等。

(4) "导出已编译的二进制文件"。此项用于导出编译完成后生成的二进制文件并保存。由于 Arduino 的控制核心大多是 AVR 系列单片机，而单片机的代码最终都是以二进制文件形式写入 Flash Memory 中的。因此，开发者可以将导出的文件用 AVR 系列烧写器写入一块 AVR 系列单片机中，这块单片机就立刻具有了开发者在 Arduino 上所设计的一切功能。

(5) "显示项目文件夹"。此项用于打开当前设计文件所在的文件夹。

(6) "加载库"。当开发者需要驱动某个硬件时，可以使用此项从现有库中加载所需要的相关库，并将其添加到设计文件中。当然，开发者也可以自己手动添加所需要的库。

(7) "添加文件"。此项用于在编辑窗口中添加一个文件窗口，并打开所选中的文件。

4) "工具"菜单

"工具"菜单的各个功能项如图 2.24 所示。

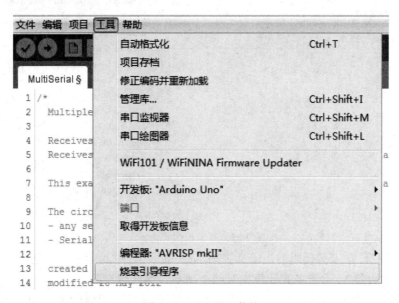

图 2.24 "工具"菜单

(1) "自动格式化"。此项用于将文件中的代码和注释进行对齐。但是由于 IDE 并不能够很好地理解设计者的设计意图，因此文档自动格式化后的结果并不一定是开发者想要的。建议开发者谨慎使用该项。

(2) "项目存档"。该项用于为设计文件自动添加一个递增的版本编号，这样有利于进行版本管理。例如，当开发者在一个设计文件中进行多次修改后，如果直接点击"文件→

保存"菜单项，那么修改后的文件就会覆盖之前的设计文件。项目文件夹中始终只有一个设计文件。但是如果开发者点击"项目存档"菜单项，那么 IDE 会新建一个名为"原始名＋日期＋版本编码"的压缩包文件。每次使用这个功能都会生成新的压缩包文件，每个压缩包里面有项目文件夹中的所有文件，这样有利于版本回溯。

(3)　"修正编码并重新加载"。当设计文档中出现与 IDE 不兼容的编码字符时，使用该项会将编码字符以 IDE 可兼容的形式修正后重新显示。

(4)　"管理库"。该项用于对当前 IDE 中已经安装的驱动库进行删除、安装、更新等操作。

(5)　"串口监视器"。该项用于打开一个文本形式的串口通信窗口。开发者可以在这个窗口中查看代码运行的中间结果，以及与 Arduino 进行双向通信。

(6)　"串口绘图器"。该项用于以曲线形式显示通过串口发送过来的数据。

(7)　"开发板"。在连接 IDE 的多款 Arduino 开发板中，开发者可以利用此项选择当前正在使用的开发板，如图 2.25 所示。IDE 会根据所选的开发板编译代码，并计算资源占用率，确保代码能够在目标开发板上正常运行。

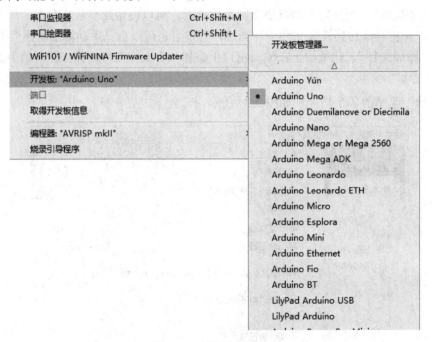

图 2.25　开发板型号选择

(8)　"端口"。在上传代码前，需选择与 Arduino 相连的对应串口，这个串口的名称是"COM＋数字编号"。由于老式计算机有两个串口，因此现有的 Windows 操作系统沿用了这个设定。尽管现代计算机主板上已经没有物理串口，但是 COM1 和 COM2 仍然是系统的默认串口，所以 Arduino 与电脑连接的串口编号可能是除 1 和 2 以外的任何一个数字。通常来说，当 Arduino 连接到电脑后，新出现的"COM＋数字"口就是 Arduino 对应的串口。如果开发者无法确定 Arduino 的串口编号，那么可以从计算机的系统设备列表中查找 Arduino 对应的那个串口的名称。

"工具"菜单中的其他子菜单项包含了更高级的设置选项，适用于对系统很熟悉或者专业的电子工程师。在此不对这些选项进行详细介绍，初学者在刚开始时无须修改这些设置，只需使用默认设置即可。

5)　"帮助"菜单

"帮助"菜单的各个功能项如图 2.26 所示。

图 2.26　"帮助"菜单

"帮助"菜单中提供了系统内置的语法、关键字、函数等的解释和帮助文档，开发者可以很容易熟悉其使用方法，因此在本书中不做过多介绍。

为了方便开发者使用，Arduino IDE 将一些常用功能设置了快捷键，并将其置于菜单栏的下方。常用功能快捷键共有 5 个，如图 2.27 所示。从左至右，第一个是"编译/验证"快捷键，其功能与菜单项"项目→验证/编译"的功能相同。第二个是"上传"快捷键，其功能与菜单项"项目→上传"的功能相同。第三个是"新建"快捷键，其功能与菜单项"文件→新建"的功能相同。第四个是"打开"快捷键，其功能与菜单项"文件→打开"的功能相同。第五个是"保存"快捷键，其功能与菜单项"文件→保存"的功能相同。

图 2.27　常用功能快捷键

2.2　开　发　语　言

Arduino 的开发语言主要基于 C 类语言(C/C++)，其语法规范和运算符与 C 类语言的相似。因此，本节仅对其中关键内容进行简要介绍。

早期的 Arduino 核心库和器件驱动库采用 C 语言语法编写，具有明显的面向过程的语言特征，这些库通过调用函数对某个引脚或者外部器件进行读取和控制。随着 Arduino 软件和硬件的不断发展，核心库的开发引入了面向对象编程的思想，因此后来开发的一些库带有明显的面向对象的语言特征。开发者在使用这些库时，往往是先将外部器件和模块实例化为一个对象，然后通过对象调用成员函数进行操作。

随着 Arduino 生态环境的蓬勃发展，越来越多的 Arduino 爱好者为 Arduino 社区贡献了很多第三方开源库。这些库各具特色，既有面向过程的风格，也有面向对象的风格。总体而言，Arduino 的开发库结合了 C 语言和 C++ 语言的特性。因此，在使用不同的库时，开发者应仔细研读该库的开发者提供的技术文档和实例。如果需要深入了解库的工作原理或解决特定问题，直接阅读库的源代码将是非常有帮助的，这有助于开发者正确、高效地利用这些库。

1. 标识符

标识符用来定义代码中某个对象的名字。这个对象可以是常量、变量、函数等。

Arduino 的语言遵循 C 类语言标准，标识符只能由字母、数字和下画线组成。而且，任何标识符的第一个字符只能是字母或者下画线，不能是数字。例如，Arm_01、_mon、_45RO 都是合法的标识符，而 4FE_ 就不是合法的标识符，无法通过编译。

标识符的长度不能超过 32 个字符，因为编译器在编译代码时只识别前 32 个字符。当标识符的长度超过 32 个字符时，超出的部分会被舍弃而不作对比。因此，如果两个标识符的长度超过 32 个字符，且它们的前 32 个字符是相同的，那么这两个标识符会被编译器视为相同的标识符。

C 类语言对字母的大小写敏感，也就是说，即使字母完全相同，但是大小写不同也会被编译器视为不同的标识符。例如，Yes 和 yes 会被编译器认为是两个完全不同的标识符。

尽管任何符合以上规则的标识符都会被编译器识别为合法标识符，但是为标识符选择一个有意义、易识别、与用途和特征相关的名称一定是一个好的编程习惯。

2. 关键字

在代码中，为了定义变量的类型和一些代码段的功能，或者对一些内容进行预处理等，编译器定义了一些特殊标识符。这些标识符已经被编译系统预先定义过，开发者不能将它们重新定义为自定义标识符，这些标识符统称为关键字。

1) 常用的数据类型

(1) bool, boolean：用于声明布尔类型变量，占用一个字节的存储空间，表示真或假两种状态。这两个关键字都是 Arduino 认可的布尔类型关键字。

(2) char：用于声明字符型变量或者函数，占用一个字节的存储空间。char 类型的变量可以用来存储字符，存储字符时，实际存储的是该字符的 ASCII 码值，也可以用于存储整数，数值范围为 $-128\sim+127$。

(3) byte：用于声明字节类型变量或者函数，占用一个字节的存储空间，数值范围为 $0\sim255$。

(4) double：用于声明双精度浮点类型变量或者函数。在 UNO 和其他采用 Mega 型号 8 位处理器的产品中(如 Mega 2560、Nano)，double 类型变量占用 4 个字节的存储空间；在 Due 这类采用 32 位处理器的产品中，占用 8 个字节的存储空间。

(5) float：用于声明单精度浮点类型变量或者函数，占用 4 个字节的存储空间，数值范围为 $-3.402\ 823\ 5\times10^{38}\sim+3.402\ 823\ 5\times10^{38}$。

(6) int：用于声明整数类型变量或者函数，这也是 Arduino 编程中应用最多的数据类型。在 UNO 和其他采用 Mega 型号 8 位处理器的 Arduino 产品中，int 类型的变量占用 2 个字节的存储空间，数值范围为 $-32\ 768\sim+32\ 767$；在以 ARM 系列 CPU 为控制核心的 Arduino 产品中(例如 DUE、SAMD 等)，int 类型的变量占用 4 个字节的存储空间，数值范围为 $-2\ 147$

483 648～2 147 483 647。

(7) long：用于声明长整数类型变量或者函数，占用 4 个字节的存储空间，数值范围为 -2 147 483 648～2 147 483 647。

(8) short：用于声明短整数型变量或者函数，占用 2 个字节的存储空间，数值范围为 -32 768～+32 767。与 int 类型不同的是，在所有官方版本的 Arduino 产品中，short 类型变量的数值范围和存储空间大小保持一致。

(9) size_t：用于根据存储数据的大小自动声明变量所用的存储空间。在声明时，size_t 类型变量会根据赋予变量的初值大小自动选择合适的字节空间进行分配。

(10) String：用于声明字符串类型变量。用 String 声明的变量是一个完整的对象，可以使用 String 类的所有成员函数和操作符。

(11) unsigned char：用于声明无符号字符类型变量或者函数，用于存储字符和整数(只能是非负整数)，数值范围为 0～255，占用 1 个字节的存储空间。

(12) unsigned int：与 int 类型一样，在 Mega 系列的 Arduino 产品中，占用 2 个字节的存储空间，但是数值范围为 0～65 535($2^{16} - 1$)(仅包含非负整数)；在以 ARM 系列 CPU 为控制核心的 Arduino 产品中，占用 4 个字节的存储空间，数值范围为 0～4 294 967 295($2^{32} - 1$)(仅包含非负整数)。

(13) unsigned long：与 long 类型一样，在所有官方版本的 Arduino 产品中，占用 4 个字节的存储空间，数值范围为 0～4 294 967 295($2^{32} - 1$)(仅包含非负整数)。

(14) void：用于声明函数的类型。当一个函数被声明为 void 类型时，该函数在执行完毕后不返回任何结果。

(15) word：用于声明一个至少为 16 bit 位宽的非负整数。在 8 位 Arduino 产品和 32 位 Arduino 产品中，这个变量的位宽不一样，开发者在使用时需要注意其数据范围。

2) 常量

(1) true/false：布尔值，true 代表逻辑真，其值对应 1；false 代表逻辑假，其值对应 0。

(2) HIGH/LOW：用于标识数字引脚电平状态或逻辑值。HIGH 表示高电平状态，通常用于表示逻辑真；LOW 表示低电平状态，通常用于表示逻辑假。在 5 V 供电系统中，电压低于 1.5 V 被识别为 LOW，高于 3 V 被识别为 HIGH，电压位于 1.5～3 V 之间的状态不定；在 3.3 V 供电系统中，电压低于 1 V 被识别为 LOW，高于 2 V 被识别为 HIGH，电压位于 1～2 V 之间的状态不定。

(3) INPUT：数字引脚的工作模式之一。当引脚设置为 INPUT 模式时，其处于接收外部信号的状态。

(4) INPUT_PULLUP：数字引脚的一种特殊输入模式，用于启用内部上拉电阻。当引脚设置为 INPUT_PULLUP 模式时，如果引脚与外部电路正常连接，其工作方式与处于 INPUT 模式的相同，可以读取外部输入的 0 或 1 信号。但如果引脚悬空(未连接任何设备)，由于内部上拉电阻的作用，引脚将保持在高电平状态。

(5) OUTPUT：数字引脚的工作模式之一。当引脚设置为 OUTPUT 模式时，其处于输出状态，可以输出高电平或低电平信号。

(6) LED_BUILTIN：这是一个常量，用于指示 Arduino 板载 LED 连接的引脚编号。在大多数 Arduino 产品中，板载 LED 默认连接在 13 号引脚。Arduino IDE 中通常将此常量设置为 13，以方便开发者在编写代码时引用。如果开发者自定义电路板上的 LED 连接到了其他引脚，那么需要修改这个常量的值以匹配实际硬件连接。

(7) const：常量，在编程时用于表示一个固定不变的值。在 Arduino 编程中，开发者可以在代码头部定义常量，用来代替在多个地方重复出现的数字或字符串。使用常量可以提高代码的可读性和可维护性，因为当需要修改这个值时，只需在定义常量的地方进行修改，而无须在代码的各个地方进行查找和替换。这也有助于减少由于修改不当而引入的错误。

注：Arduino 的开发环境构建了一套完整且严谨的规则体系，本书仅就一些常见的语法规则和关键字进行了概要的介绍。若读者在实际应用中遇到与语法相关的问题，建议直接查阅官方的参考文档，以确保获取最准确且详尽的解释。

第 3 章　实现 L 灯闪烁

从本章开始，我们将开始介绍电路的具体连接以及功能代码的编写和调试技巧。在此过程中，读者将逐渐熟悉 Arduino 的语法、开发环境的使用以及外围硬件的功能和特性等。

为了学习 Arduino 编程及其应用，下面以 L 灯闪烁为例进行介绍。

L 灯是一个发光二极管(LED)，它的正极通过一个电阻与 Arduino 的 13 号数字引脚相连，它的负极直接与电路的标准地相连。当 13 号引脚处于高电平状态时，L 灯亮起；当 13 号引脚处于低电平状态时，L 灯熄灭。

根据 Arduino 的型号和生产厂商的不同，L 灯的位置和发光颜色可能有所差异。但是 L 灯的旁边都标有一个"L"字符，以便识别。

L 灯可以让开发者在不外接任何元器件的情况下初步判断 Arduino 的好坏，同时其也常常作为程序运行过程中的状态指示灯使用。

3.1　元器件介绍

常见的 Arduino UNO R3 的外观如图 1.2 所示。如果读者手中现有的 UNO R3 是国内产的兼容型号，那么其处理器是贴片式的芯片。

本章使用的元器件还包括一根 A 口 USB 下载线，如图 3.1 所示，A 口的连接头是"囝"字形，很容易分辨。

图 3.1　A 口 USB 下载线

3.2　相关知识介绍

Arduino 所使用的编程语言基于简化的 C 类语言，语言简洁，且可读性强。为了让初学者或者非专业人士能够更容易理解电路的工作模式，Arduino 的开发环境将代码的执行区域分为两大部分，分别包含 setup()函数和 loop()函数。

(1) setup()函数。setup()函数内部的代码只执行一次，并且只在电路上电或者重启时执行。因此这个函数内部适合放置整个系统的初始化代码，以及只需要在开始阶段执行一次的电路操作代码，例如对引脚工作输入输出方向和工作模式的配置、串口的初始化或者元器件的初始化等操作代码。

(2) loop()函数。loop()函数内部的代码会在 setup()函数执行完毕后无休止地循环运行。因此，这个函数内部适合放置整个系统日常运行所需的代码。

setup()函数和 loop()函数属于 Arduino 语言中的总的执行区域函数，其作用与 C 类语言中的 main()函数的相似。比 C 类语言更加友好的是，Arduino 语言将初始化过程和循环执行过程直接由系统内部指定为 setup()和 loop()两个函数，使得代码更加规范，提高了代码的可读性。开发者不需要在代码中手动编写一个死循环来实现重复执行，减少了出错的可能性。

当我们新建一个空白的 Arduino 代码文件时，代码的基本结构如下：

```
void setup() {
    // put your setup code here, to run once:

}

void loop() {
    // put your main code here, to run repeatedly:

}
```

从上述代码可以看出，Arduino 的开发环境已经为我们预先定义了 setup()和 loop()两个函数，开发者只需在这两个函数内部添加自己的代码即可。

接下来，我们会对在 Arduino 代码开发中经常用到的一些函数和基本语法知识进行介绍，以便读者能够更好地理解和使用 Arduino 进行编程。这些函数和语法知识将帮助开发者更有效地控制硬件、处理数据以及实现各种功能。通过学习和掌握这些基础知识，读者将能够编写出更加复杂和实用的 Arduino 程序。

1. pinMode()函数

pinMode()函数用于设置某个引脚的输入或输出模式。作为 Arduino 语言的一个内置函数，在代码编译时，pinMode()函数会被自动识别和加载，因此开发者无须额外引入或声明。在编写代码时，只要正确拼写该函数，开发环境会将其自动高亮显示(通常为红色)，这有助于检查函数拼写是否准确。在编程过程中，由于大小写错误或其他拼写错误导致的问题时有发生，Arduino 开发环境通过高亮内置函数的方式，能够帮助开发者快速发现并修正这些错误，从而节省调试时间。

pinMode(pin, mode)函数有两个参数，即 pin 和 mode。

第一个参数 pin 是开发者所要定义的引脚编号。如果开发者要定义数字引脚，那么可以直接给出引脚的编号。例如，若调用该函数时参数 pin 的值为 13，则意味着定义的引脚是 13 号数字引脚。在数字引脚不够用的情况下，也可以把模拟引脚当成数字引脚使用，那么就要把 pin 参数设置为模拟引脚的编号，如 A2。此时，该模拟引脚不能再作为模拟引脚使用。

第二个参数 mode 用于设置引脚的工作模式，共有三种模式可供选择，分别是 INPUT 模式、OUTPUT 模式和 INPUT_PULLUP 模式。

INPUT 模式是输入模式，当引脚设置为这个模式时，引脚用于读取外部输入的电压状态。由于 INPUT 模式是数字引脚模式，因此引脚读取的电压状态只有 0 和 1 两种，分别对应低电平输入信号和高电平输入信号。如果数字引脚处于悬空状态，即什么都不接的状态或者断路状态，那么读取输入信号时得到的状态是随机的，可能是 0，也可能是 1。

如果开发者需要输入引脚在悬空状态下也能得到一个确定的状态，那么就可以把引脚配置为另外一种输入模式，即 INPUT_PULLUP 模式。当引脚处于正常工作状态时，这个模式与 INPUT 模式没有区别。但是当引脚处于悬空状态时，芯片内部的上拉电路将会起作用，将引脚的电平强行拉到高电平状态，因此，在这种情况下引脚读取的状态总是 1。

如果把引脚设置为 OUTPUT 模式，则引脚处于输出状态，这时它可以输出一个标准的逻辑 0 状态(即标准低电平)或者逻辑 1 状态(即标准高电平)。

我们可以注意到，OUTPUT 这个参数被 Arduino 开发环境标记为蓝色。与 OUTPUT 参数相似，其他 Arudino 语言系统默认的关键字都会被 Arduino 开发环境用蓝色标出，这样使得开发者可以方便快捷地判断某个字符串是不是系统默认的关键字。系统默认的关键字不能作为自定义的变量名来使用。

2. digitalWrite()函数

digitalWrite()函数的作用是设置某个指定的数字引脚输出高电平或者低电平，此时这个数字引脚处于输出状态。

digitalWrite(pin, value)函数有两个参数，即 pin 和 value。

第一个参数 pin 用于指定某个引脚的编号，这个引脚可以是数字引脚或者模拟引脚，但是该函数只能执行数字引脚的输出功能。

第二个参数 value 用于确定引脚应该输出高电平还是低电平，参数 value 可以是系统默认的关键字 HIGH 和 LOW，分别代表高电平和低电平。当引脚输出低电平时，输出电压为 0 V；当引脚输出高电平时，输出电压为系统的工作电压。在本书后续章节的所有电路示例中，我们使用的是 UNO 开发板，由于 UNO 开发板的工作电压是 5 V，所以调用这个函数输出高电平时，数字引脚输出的是 5 V 电压。当开发者在 Arduino IDE 编辑窗口中输入 HIGH 和 LOW 这两个关键字后，它们会被系统标成蓝色，因为它们是系统默认的关键字。

3. delay()函数

delay()函数的作用是产生延时。delay(int)函数只有一个参数，该参数是非负整数，用来指定延时的时长。delay()函数产生的延时时长为"1 ms × 延时参数值"。例如，delay(500)函数产生的延时时长为 1 ms × 500 = 0.5 s。在延时期间，整个系统将暂停执行代码，直到延时结束，除非有中断事件发生导致程序流程改变。

4. 注释

(1) 单行注释。在 Arduino 的编程语言中，和 C 类语言一样，用双斜杠"//"表示单行注释。以双斜杠开头的单行文字都会被 IDE 认为是注释。双斜杠右边的文字在代码编译时会被忽略。但是双斜杠仅仅是单行注释符号，下一行的字符不会被记入注释中，而被认为是代码。

(2) 多行注释。如果需要编写的注释内容较多，一行放不下，那么有两种选择：第一种是在每一行需要注释的文本前都加上双斜杠；另一种是分别将"/*"和"*/"放在注释段的开头和结尾，它们之间的所有内容(包括多行文字)都会被编译器识别为注释。

给代码加上注释是一个好的编程习惯，这样代码阅读者在阅读代码时可以更容易理解代码设计者的设计意图。

3.3 代码编写和解析

下面我们将介绍 Arduino 的第一个例程的编写过程。首先，打开 Arduino IDE，点击"文件→新建"。编辑窗口中会出现空白的代码编写区域。然后我们在 setup()和 loop()两个函数中写入几行代码，具体代码如下：

```
void setup() {
    // put your setup code here, to run once:
    pinMode(13, OUTPUT);                      //#1
}


void loop() {
    // put your main code here, to run repeatedly:
    digitalWrite(13,HIGH);                    //#2
    delay(1000);                              //#3
    digitalWrite(13,LOW);                     //#4
    delay(1000);                              //#5
}
```

下面我们逐一分析写入 setup()函数和 loop()函数中代码的作用。

在第一处代码中(标注为 #1)，我们将 13 号引脚设置为数字输出状态。因为这个代码对应的操作在电路运行期间只需要执行一次即可，所以将这行代码放在 setup()函数中。

在第二处代码中(标注为 #2)，我们调用了另一个内置函数 digitalWrite(13, HIGH)。这行代码使 Arduino UNO 的 13 号引脚输出高电平。当系统执行 #2 这条代码时，13 号引脚输出 5 V 电压。因为 L 灯的正极通过电阻与 13 号引脚相连，负极与标准地相连，所以此时 L 灯导通并发光。

当系统执行 #3 代码时，delay(1000)函数让整个系统保持现状不变，持续时间为 1 s (1000 × 1 ms = 1 s)。由于 #2 代码使 L 灯亮起，因此系统在执行 #3 代码期间，L 灯会一直保存点亮状态。

当系统执行#4 代码时，通过调用 digitalWrite(13, LOW)函数，系统将 13 号引脚的输出电平调整为低电平，这时 L 灯熄灭。接着系统执行 #5 代码，delay(1000)函数使系统保持现状不变，持续时间为 1 s。在这段延迟期间，L 灯处于熄灭状态。

我们可以观察到，由于 #2、#3、#4、#5 代码位于 loop()函数中，当最后一行代码(即#5 代码)执行完毕后，loop()函数会自动使程序返回到该函数的第一行代码(即 #2 代码)并重新开始执行。这个过程会持续不断地重复，形成了一个永不停息的循环。因此，我们观察到 L 灯以 2 s 的周期进行闪烁，亮 1 s，灭 1 s，这个过程会反复进行。

本 章 练 习

如果我们要实现 L 灯亮 2 s，灭 4 s，那么应该怎么实现？(答案编号为 blink_2_4)。

第 4 章　简易红绿灯设计

4.1　元器件介绍

通过第 3 章的学习，我们知道了基本的数字引脚控制操作，并掌握了 Arduino UNO 板上自带 L 灯的点亮原理。在这一章，我们会在第 3 章的基础上进一步学习 Arduino 的知识以及新的元器件的知识。

1. 发光二极管(LED)

市场上最常见的直径为 5 mm 的直插式发光二极管如图 4.1 所示。

图 4.1　直径为 5 mm 的直插式发光二极管

发光二极管是一种特殊类型的二极管。它和普通灯泡一样的地方是它们都能够发光，但是发光二极管只发光而不发热，因此功耗很低，非常节能。而且发光二极管的使用寿命很长，平均可达 50 000 个小时左右，在合理使用的情况下，其使用寿命还可以进一步延长。

当把发光二极管连入电路时，需要明确区分其正极和负极的连接，确保正极连接高电压端，负极连接低电压端。因此，我们需要学会正确地判断发光二极管的正、负两极。发光二极管的内部结构图如图 4.2 所示。

判断发光二极管的正、负极有以下几种方法。

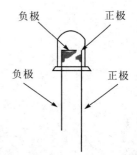

图 4.2　发光二极管的内部结构

(1) 新的发光二极管的正极引脚较长，负极引脚相对较短。该方法仅适用于判断没有剪过引脚的二极管。

(2) 发光二极管的负极的体积通常比较大，正极的体积相对较小。如果发光二极管的封装为完全透明的封装，那么我们可以从侧面观察它的内部结构来区分正极和负极。

(3) 把两节干电池串联，首先把干电池组的负极与发光二极管的一个引脚相连，然后把发光二极管的另一个引脚与干电池组的正极相连。如果此时发光二极管发光，则说明与电池组的正极相连的是发光二极管的正极，与电池组的负极相连的是发光二极管的负极。如果发光二极管没有发光，那么将其正、负极颠倒后重复上述过程，再次进行判断。

发光二极管的电路图标如图 4.3 所示。其中，三角形端为正极，即图 4.3 中的 1 号端；直线段端为负极，即图 4.3 中的 2 号端。需要注意的是，发光二极管的箭头指向外部。如果图标上的箭头指向内部，则该二极管是光电二极管。

图 4.3　发光二极管的电路图标

按照焊装方式的不同，发光二极管可以分为直插式和贴片式。按照发光强度的不同，发光二极管可以分为强光型、微光型和普通亮度型。不同型号的发光二极管的工作电压和工作电流都各不相同。不过，普通发光二极管的工作电流的范围为 8～20 mA，通常情况下我们只需要把电流控制在这个范围内就可以了。

2. 电阻

每种元器件都有其适用的工作电压和电流范围。但是，在设计电路系统时，我们通常不可能在一块电路板上集成很多不同电压值的电源，常见的电路系统通常只有一种或者两种电源，如 5 V 和 3.3 V 恒压电源。要让每个元器件都能够在合适的电压和电流条件下正常工作，我们常常需要使用一种基本元件来调节电压或者电流，这个基本元件就是电阻。电阻的外形和参数规格有很多种，无法一一列举。在本书的实验中，我们使用的是直插式色环电阻。

色环电阻的外观如图 4.4 所示。我们可以按照一定的规则，根据色环读出色环电阻的阻值，不过这种方法对于初学者来说有点困难。初学者可以用万用表测量出色环电阻的阻值，也可以在购买的时候让商家将不同阻值的色环电阻分类装好，并做好标记。

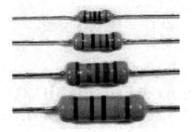

图 4.4　色环电阻的外观

在本次实验中，我们使用阻值为 220 Ω 的电阻。电阻的电路图标如图 4.5 所示。需要注意的是，电阻的图标有多个版本，在不同国家和不同时期的电路原理图中，电阻的标识方式可能不一样。但是这些图标都具有明显的特征，使得它们很容易被分辨出来。

图 4.5　电阻的电路图标

3. 面包板

面包板是一种用来快速连接元器件，构成电路的连接板。它的使用非常方便，我们可以借助它快速、低成本地设计电路，找到电路中的错误和不足。

和发光二极管、电阻等元器件一样，面包板也有很多种类型。我们常用的面包板如图 4.6 所示。

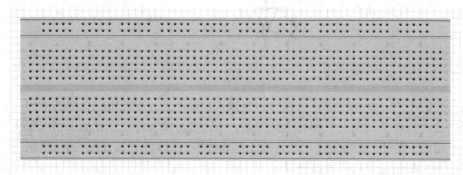

图 4.6　面包板

面包板的电路大致分为 3 个区域。

上方的蓝线和红线之间的区域是上电源区。蓝线下方的一行插孔(即第一行插孔)是连通的。也就是说，在第一行插孔中的任意两个插孔中插入两根导线，这两根导线就被连接到了一起。红线上方的一行插孔(即第二行插孔)也是连通的。第一行插孔和第二行插孔之间是相互隔离开的，因此上电源区可以用来给整个电路提供一路电源和一路地。

下方的蓝线和红线之间的区域是独立的下电源区。这个区域内电路的逻辑连接关系与上电源区的相同。因此，整块面包板可以同时使用两个不同的电源，例如上方电源区接 5 V 电源，下方电源区接 3.3 V 电源。

中间的信号区被一道深槽分隔为上、下两部分。每一竖列的 5 个插孔是连通的，因此，在这 5 个插孔中的任意两个中插入两根导线，这两根导线就被连接到了一起。上、下两个信号区是彼此独立的，可以很方便地安插双列直插式芯片或者独立的直插式元器件。

4. 杜邦线

杜邦线是一种用来连接实验元器件以快速搭建实验电路的导线，它通常由不同颜色的线排压合而成，以方便使用者区分和排查电路连接。杜邦线的接头有两种，分别称为公头和母头。杜邦线的外形如图 4.7 所示。杜邦线的类型分为公对公、公对母、母对母三种。在本次实验中，我们使用公对公类型的杜邦线。

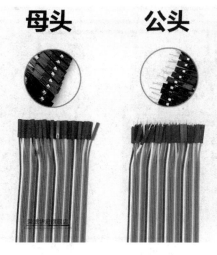

图 4.7　杜邦线的外形

4.2　相关知识介绍

在连接 UNO 和面包板时，由于 UNO 和面包板上都有插孔，因此我们选用公对公类型的杜邦线来连接电路。我们也可以选用硬质单芯线来连接电路，这样做的好处是线长可以根据具体需求来调整，且连线可以紧密贴合在面包板上。但需要注意的是，硬质单芯线承载电流的能力不如杜邦线承载电流的能力好。在连接电路时，我们应该预估各段线路的电流上限，在电流较大的连接部分采用杜邦线进行连接，以防电线过热而引发电路故障。

语言内嵌的关键字不能用作自定义变量的名称。例如，在 Arduino 语言中，void、int、const、float、loop 等都是关键字。开发者可以通过访问 Arduino 的官方网站查看完整的关键字列表，或者在 Arduino IDE 中通过颜色变化来识别它们——系统默认的关键字会显示为蓝色。当开发者输入的字符串变成蓝色时，说明这个字符串是系统默认的关键字，因此不能将其用作自定义变量的名称。至于什么是自定义变量，我们将在后面的章节中介绍。

4.3　电路连接、代码编写和解析

4.3.1　电路连接

按照前面所述的需求，我们将颜色为红色、绿色、黄色的 LED 的正极分别与一个阻值为 220 Ω 的色环电阻串联，作为红绿灯系统的三个独立发光线路。在红色线路中，电阻的另一端与 UNO 的 8 号引脚相连；在黄色线路中，电阻的另一端与 UNO 的 9 号引脚相连，在绿色线路中，电阻的另一端与 UNO 的 10 号引脚相连。红、绿、黄三种颜色的 LED 的负极与 UNO 的接地端(GND)相连。电路连接图如图 4.8 所示。

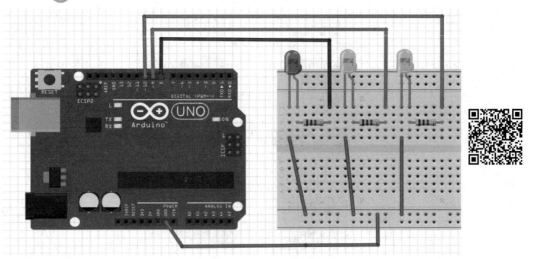

图 4.8　电路连接图

读者可以用杜邦线或者硬质单芯线,按照图 4.8 所示电路图中的连接关系将 UNO、LED 及电阻在面包板上连接起来。

即使读者设计的电路图中电阻和 LED 的摆放位置、导线的颜色和图 4.8 中的不同,也没关系,只需要确保电路的连接关系与图 4.8 中的一致即可。

接下来我们开始编写电路控制代码。

4.3.2　代码编写和调试

根据电路图中的连接关系,我们用 UNO 的 8 号、9 号、10 号三个引脚分别控制红、黄、绿三种颜色的 LED。因此,在 setup()函数中,我们需要将这三个引脚设置为输出类型,对应代码为完整代码中的 #1、#2 和 #3 行。为了方便读者阅读,笔者在注释部分使用中文进行说明。读者也可以根据自己的习惯使用其他语言来编写注释。

由于三个控制引脚都是通过电阻与 LED 的正极端相连的,因此,当引脚输出高电平时,LED 会点亮;当引脚输出低电平时,LED 会熄灭。也就是说,这三个 LED 均采用正逻辑控制,即高电平时点亮,低电平时熄灭。

我们的目标是让红、黄、绿三种颜色的 LED 灯依次亮起 2 s,然后熄灭,如此循环。在任意时刻,都只有一个 LED 处于点亮状态,另外两个 LED 处于熄灭状态。由于本章中 LED 只有点亮和熄灭两个状态,因此我们使用数字引脚控制函数 digitalWrite()来点亮和熄灭 LED,并使用 delay()函数来实现状态的延时。因为这些操作需要反复执行,所以将相关代码放到 loop()函数中。读者可以根据自己的想法来完成自己的代码。如果实在没有思路,那么可以参考笔者提供的一种解决方案,代码如下(代码编号为 RYG_1):

```
void setup() {
    // put your setup code here, to run once:
    pinMode(8, OUTPUT);        //红色 LED 控制信号      #1
    pinMode(9, OUTPUT);        //黄色 LED 控制信号      #2
    pinMode(10, OUTPUT);       //绿色 LED 控制信号      #3
```

```
    }
    void loop() {
        // put your main code here, to run repeatedly:
        digitalWrite(8, HIGH);          //点亮红色 LED
        delay(2000);                    //保持红色 LED 亮起 2000 ms
        digitalWrite(8, LOW);           //熄灭红色 LED
        digitalWrite(9, HIGH);          //点亮黄色 LED
        delay(2000);
        digitalWrite(9, LOW);           //熄灭黄色 LED
        digitalWrite(10, HIGH);         //点亮绿色 LED
        delay(2000);
        digitalWrite(10, LOW);          //熄灭绿色 LED
    }
```

注：尽管利用"复制"和"粘贴"功能可以输入上述代码，但是笔者仍然建议读者逐行输入上述代码，这样会有助于加深你对代码的理解。

输入以上所有代码后，点击 Arduino IDE 的编译按钮，如果在输入过程中有误操作(比如最常见的字母大小写错误)，那么编译结果会给出提示。修改所有错误，直到编译成功通过。然后点击上传按钮，将代码上传到 UNO 中。

接下来，我们需要检测硬件电路的执行结果。由于这一次的练习代码足够简单，因此我们不需要任何仪器设备就可以判断代码是否正确执行。对于比较复杂的电路，在电路通电运行前，我们首先要检查电路和仪器设备的连接情况，确认无误后再通电。

首先，观察三个 LED 的点亮情况。如果红、黄、绿三种颜色的 LED 依次亮起，那么说明电路的连接没问题。如果三种颜色的 LED 没有依次亮起，那么需要按照以下步骤进行排查和调试：

(1) 检查三个电阻是否连接到了 UNO 的其他引脚上。

(2) 检查面包板上的电路连接是否有误。

(3) 如果上述检查均无误，那么进一步检查 LED 的正、负极是否接反。

(4) 如果所有地方都检查无误，但问题仍未解决，则需要把 LED 卸下来，检查 LED 和 UNO 是否已经损坏。

在确保电路中的三个 LED 都能够正常亮起后，接下来检查 LED 点亮的时间间隔是否为 2 s。这个可以通过观察 LED 的闪烁频率来简单判断。最后检查三个 LED 是否能够无休止地依次亮起，一直循环下去。

4.3.3　代码优化

至此，我们已经实现了红绿灯功能。但是，如果你的目标是成为一名极客，那么就不应该止步于此。极客的精神在于不断追求技术上的卓越与完美，而非仅仅满足于功能的实现。追求美是人类的天性，而极客追求的是技术上的极致美感。

在此，你可以选择跳过这一部分去练习其他内容，或者选择继续优化你的代码。无论你选择哪种方式，都不会影响你后续的学习。

然而，如果你渴望在极客的道路上更进一步，那么就需要学会深入思考。回顾之前的代码，它是否还有可以改进的地方？

想象一下，你现在已经成为一名工程师，负责开发一个关键产品。但不幸的是，你遇到了一个挑剔的项目经理或难缠的客户。更糟糕的是，你可能同时遇到了两者。他们不断地提出更改需求，让你应接不暇，甚至开始怀疑自己的专业能力。

在这个项目中，由于代码相对简单，变更的余地有限，他们可能会频繁地要求你更改控制 LED 的引脚。如果基于之前的代码(代码编号为 RYG_1)进行修改，这将是一项烦琐且容易出错的任务。即便在只有 12 行代码的情况下，也有 9 行涉及引脚编号。想象一下，如果代码文件长达几千行，需要修改的地方将不计其数。逐行修改不仅耗时，而且容易遗漏，导致电路运行出错。这将浪费大量时间用于检查和调试。

然而，最可怕的情况并非如此。更可怕的是，有时你可能漏掉了某处代码的修改，而这一点在代码审查或测试时并未被发现。当整个系统交付并运行时，一个微小的引脚编号错误可能会导致灾难性的后果。正如那句哲言所说："丢失了一颗钉子，坏了一只蹄铁；坏了一只蹄铁，折了一匹战马；折了一匹战马，伤了一位骑士；伤了一位骑士，输了一场战斗；输了一场战斗，亡了一个国家。"这样的例子在人类历史上屡见不鲜。

在此基础上，我们对之前的代码进行进一步的优化。在引脚控制函数的实现中，我们摒弃了直接使用具体数字来表示引脚号的方式，转而给每个引脚赋予一个代号。这样一来，若需更改引脚号，只需调整代号与引脚号之间的对应关系即可。对于熟悉 C 类语言或类似编程语言的读者来说，这样的做法应该颇为熟悉。在本例中，我们采用定义常量的方法来为各个引脚分配代号，使得代码更加清晰且易于维护。

首先，在代码文件的最开始部分，我们使用 const 关键字来定义三个 LED 的引脚号。为提升代码的可读性，我们分别为红色、黄色和绿色 LED 的引脚号赋予了 RED、YELLOW、GREEN 这三个代号。由于引脚号都是整数，所以我们将这三个常量都定义为整数类型。定义代码见如下完整代码中的#1、#2、#3 行。

然后，在后续的代码中，三个 LED 的引脚号均用 RED、YELLOW、GREEN 这三个代号来代替。当需要调整引脚号时，无须逐行检查是否需要修改引脚号，仅需在文件的开头直接修改对应的引脚代号即可。无论代码行数多达几千甚至几万，都仅需改动开头的三个数字，大大提高了代码的可维护性。

最后，我们将 setup()函数和 loop()函数中所有涉及引脚号的地方都替换为之前定义的代号，即 RED、YELLOW、GREEN。完整代码如下(代码编号为 RYG_2)：

```
const int RED    = 8;        //#1
const int YELLOW = 9;        //#2
const int GREEN  = 10;       //#3

void setup() {
    // put your setup code here, to run once:
```

```
    pinMode(RED, OUTPUT);              //红色 LED 控制信号
    pinMode(YELLOW, OUTPUT);           //黄色 LED 控制信号
    pinMode(GREEN, OUTPUT);            //绿色 LED 控制信号
}

void loop() {
    // put your main code here, to run repeatedly:
    digitalWrite(RED, HIGH);           //点亮红色 LED
    delay(2000);                       //保持红色 LED 亮起 2000 ms
    digitalWrite(RED, LOW);            //熄灭红色 LED
    digitalWrite(YELLOW, HIGH);        //点亮黄色 LED
    delay(2000);
    digitalWrite(YELLOW, LOW);         //熄灭黄色 LED
    digitalWrite(GREEN, HIGH);         //点亮绿色 LED
    delay(2000);
    digitalWrite(GREEN, LOW);          //熄灭绿色 LED
}
```

　　把这个优化后的代码上传到 UNO 中，然后观察电路的运行情况是不是符合预期。如果结果不符合预期，那么需要进一步检查是否在代码输入过程出现了错误，或者电路连接存在问题。在确认没有错误后，请立即通过笔者提供的联系方式联系笔者，告诉他你发现了代码中的 bug，以便大家共同完善这本书。

本 章 练 习

　　让红、黄、绿三种颜色的 LED 在以下状态中按照给定顺序切换，并且每个状态保持 1 s，状态切换顺序为"亮亮亮→亮亮灭→亮灭亮→灭亮亮→亮灭灭→灭亮灭→灭灭亮→灭灭灭"(答案编号为 RYG_3)。

第 5 章 按键状态识别

一个系统通常会有输入信号，除非是那些功能极为简单的系统(例如一个接通电源就会发光的电灯泡)。越复杂的系统就越需要从外部输入更多的信号来提供给系统的控制和运算核心，作为分析和决策的数据依据。因此，输入信号的读取和判定是电路设计中不可或缺的一个部分。本章将介绍一种最简单的输入元器件——点触式按键，它也被称作按钮或按键。

5.1 元器件介绍

1. 点触式按键

点触式按键的外形根据型号的不同而呈现很大差异。最普通、最常见的一种点触式按键的实物图如图 5.1 所示。

图 5.1 点触式按键的实物图

点触式按键的电路图标如图 5.2 所示。需要注意的是，在不同版本的国家标准或者国际标准中，点触式按键的图标可能会有所不同。但通常情况下，我们都可以很容易地识别出某一图标是否表示点触式按键。读者在设计电路原理图时，最好先确认图标对应的元器件名称，然后再进行电路的连接。

图 5.2 点触式按键的电路图标

点触式按键的结构非常简单，其左、右两边是两个触点，分别与左、右两边的引脚相连，中间是一个金属弹片。当点触式按键被按下去时，金属弹片会同时接触到左、右两边的触点，左、右两边的引脚被导通。当点触式按键被松开时，金属弹片弹起，左、右两边引脚的连接被断开。

细心的读者可能已经注意到了，点触式按键的实物图中有四个引脚，但是图标中只有两个引脚。实际上这是为了在设计电路板和焊接时能够提供更好的灵活性和更稳定的机械连接而设计的。左侧两个引脚是连接在一起的，实际上是同一个引脚，右侧两个引脚的情况也一样。读者在使用点触式按键前，可以用万用表或者简单的通断电路测试后再进行焊接。

2. 其他元器件

在本章中，我们仍然会用到第 4 章中所用到的 LED、电阻、杜邦线、面包板等元器件，以及最重要的主控核心——UNO。这些元器件我们都已经熟悉了，本章中不再赘述。

读者可以继续使用第 4 章中已连接好的红、黄、绿三色 LED 电路，也可以自己重新连接，只要保证电路中元器件的连接逻辑关系不变，电路的功能就不会变化。

5.2　相关知识介绍

5.2.1　两分支条件判断语句

条件判断语句是任何编程语言中都不可缺少的。在绝大多数的编程语言中，都有两类条件判断语句。一类是可以构成不同优先级的两分支条件判断语句，另一类是可以构成相同优先级或不同优先级的多分支条件判断语句。在本章中，我们介绍两分支条件判断语句。

和大多数编程语言一样，两分支条件判断语句的关键字是 if 和 else，常见语法结构有以下三种。

(1) 第一种语法结构为

```
if(条件 1)
{
    功能 1
}
功能 2
```

在这种结构中，执行到 if 语句时，会对"条件 1"进行判断，如果判断结果是"真"，那么将会执行大括号里面的所有语句，即"功能 1"部分的全部代码。当"功能 1"部分的代码执行完毕后，会继续向下顺序执行，执行"功能 2"部分的代码。如果"条件 1"的判断结果为"假"，那么将会跳过大括号里面的所有代码，执行判断语句后面的代码，也就是"功能 2"部分的代码。

(2) 第二种语法结构为

```
if(条件 1)
{
```

```
    功能 1
} else
{
    功能 2
}
功能 3
```

在这种结构中，执行到 if 语句时，会对"条件 1"进行判断，如果判断结果是"真"，那么将会执行第一个大括号里面的"功能 1"部分的代码，然后执行"功能 3"部分的代码。如果"条件 1"的判断结果为"假"，那么将不会执行"功能 1"部分的代码，而执行"功能 2"部分的代码，然后再执行"功能 3"部分的代码。也就是说，无论如何，"功能 3"部分的代码都会被执行。

(3) 第三种语法结构为

```
if(条件 1)
{
    功能 1
}
else if(条件 2)
{
    功能 2
}else
{
    功能 3
}
功能 4
```

在第三种结构中，首先在第一个 if 语句中进行判断，如果满足"条件 1"，那么就执行"功能 1"部分的代码，然后略过第二个 if 语句，直接执行"功能 4"部分的代码。

如果"条件 1"的判断结果为"假"，那么转入第一个 else 分支，进行"条件 2"的判断。如果"条件 2"的判断结果为"真"，那么执行"功能 2"部分的代码；如果"条件 2"的判断结果为"假"，那么执行"功能 3"部分的代码。最后执行"功能 4"部分的代码。

在这种结构中，实现了不同优先级的判断方法。试想一种情况，"条件 1"和"条件 2"同时满足，但是在执行条件判断时，在判断"条件 1"为"真"后，"条件 2"就直接被忽略了。只有在确认"条件 1"为"假"的前提下，才会对"条件 2"的真假进行判断。也就是说，"条件 1"的优先级高于"条件 2"的优先级。

5.2.2　电压、电平和状态

在设计电路时，经常会涉及电压和电平这两个概念。电压指的是某一个测量位置相对于标准地的电压差。例如，某个引脚的电压是 3.3 V，就是说它与电路板上接地点的电压差为 3.3 V。

电平指的是在一定时间范围内，电路中的信号能够长期保持的稳定状态。在数字电路中，逻辑状态通常由两种稳定状态表示，即逻辑 1 和逻辑 0。通常情况下，在数字电路中，用比较高的电压表示逻辑 1，用比较低的电压表示逻辑 0(虽然也有例外情况，但是那种情况很少见，往往出现在比较老旧的器件中)。能够被电路识别为逻辑 1 的电压状态称为高电平，能够被电路识别为逻辑 0 的电压状态称为低电平。

高电平的数值范围并不统一，不同厂家、不同型号的芯片对高电平和低电平的识别范围可能有一定的差别。例如，对于供电电压为 5 V 的芯片，A 厂家可能将高电平的识别范围定为 2.5～5 V，B 厂家可能将高电平的识别范围定为 2.0～5 V。A 厂家可能将低电平的识别范围定为 0～2.0 V，B 厂家可能将低电平的识别范围定为 0～1.8 V。

细心的读者可能注意到了，高电平的电压范围和低电平的电压范围并不是紧密衔接的。例如，对于某一款 5 V 供电芯片而言，高电平的识别范围是 2.5～5 V，低电平的识别范围是 0～2.0 V。那么 2.0～2.5 V 这个范围内的信号会被识别成低电平还是高电平呢？芯片制作工艺、工作环境、电场强度、磁场强度、温湿度等都可能会影响这个信号的识别结果，从而导致不稳定的识别结果。因此，如果某个引脚的电压值处于高电平和低电平之间的过渡区间，很可能会导致芯片做出一些误操作，要尽量避免这种情况出现。

5.2.3　digitalRead( )函数

在本章中，我们会用到一个新的引脚功能函数 digitalRead()，它的作用是读取某个数字引脚的状态，其返回值是 HIGH 或者 LOW。digitalRead()函数的定义如下：

digitalRead(pin);

该函数的参数是引脚号，它可以是一个整数，也可以是已经定义好的常量，或者是某个已经定义过的变量。例如，

int sat = digitalRead(13);

digitalRead()函数的返回值是一个布尔量，因此可以用布尔变量或者整数变量来存储这个函数的返回值。

需要注意的是，如果我们没有将某个引脚定义为数字引脚，在调用 digitalRead()函数对该引脚进行数字状态读取时，系统不会自动将该引脚设置为数字模式。对于那些具有模拟输入功能的引脚(以 A 开头的引脚)，一旦该引脚以数字模式进行了读取操作，该引脚将不能再作为模拟引脚使用。因此，在需要同时使用数字输入和模拟输入的情况下，需要谨慎选择引脚，并避免对同一引脚进行不恰当的模式切换。

5.3　电路连接、功能分析和代码编写

5.3.1　电路连接

为了节省反复插拔元器件的时间，我们不再重新构建电路，而是在第 4 章电路的基础上通过添加新的元器件来扩展电路。这也是在现实的工程设计和产品研发过程中常用的方

法。一个复杂的系统往往是从简单开始，逐步丰富起来的。电路的实物连接图如图 5.3 所示。

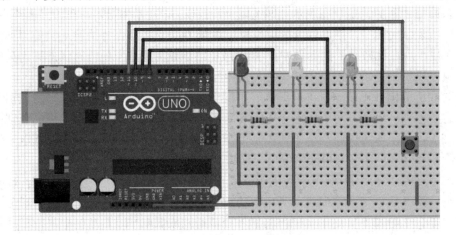

图 5.3　电路的实物连接图

在图 5.3 中，三个 LED 的正极通过电阻分别与 UNO 的 8 号、9 号、10 号三个数字引脚相连，LED 的负极直接与接地端(GND)相连。其中，红色 LED 与 8 号引脚相连，黄色 LED 与 9 号引脚相连，绿色 LED 与 10 号引脚相连。这三个 LED 同样采用正逻辑控制，即高电平时点亮，低电平时熄灭。

该电路中新增加的元器件是点触式按键，它的左端引脚通过绿色导线与 11 号数字引脚相连，右端引脚通过蓝色导线与接地端(GND)相连。

5.3.2　功能分析

现在假设我们的电路用于这样一个场景：在马路的斑马线旁边有一个按键，当行人想要过马路的时候，需要按下这个按键。当按键被按下后，红灯亮起，车辆停车，行人通行，持续时间为 10 s；当红灯时间还剩下 5 s 时，黄灯亮起，提醒行人快速通过。当按键被松开后，红灯和黄灯熄灭，绿灯亮起，提醒车辆通行。

根据上述功能，代码应该具有判断按键被按下和松开两个状态的功能。当按键被按下时，按键左、右两边的引脚被连通，因此 11 号引脚与 GND 之间连通，11 号引脚处于低电平状态。此时 11 号引脚的电平状态为稳定状态。

那么，当按键没有被按下时，11 号引脚读取到的是高电平吗？实事并非如此。当按键没有被按下时，按键的左端引脚没有和任何电路部分接触，这种状态在电路中叫作"悬空"状态。悬空并不表示电压等于零。由于环境中的电磁波和感应电等因素，所以即使是断开的电路，也会有一定的电压。虽然通常情况下这种电压很低，在读取时会被判定为低电平，但是也可能会出现例外。例如，当外部环境中存在较强的电场辐射时，可能会产生较强的感应电压，使得引脚的状态被误判为高电平。在设计电路时，即使是万分之一的出错可能性都是不允许的。一旦这种微小的错误发生，可能会导致很严重的后果。

在这种情况下，需要在处于悬空状态的引脚上加上一个上拉或者下拉电路。上拉电路的作用是，当引脚处于悬空状态时，将引脚的状态强制拉到稳定的高电平状态。与之相反，下拉电路的作用是将处于悬空状态的引脚状态拉到稳定的低电平状态。

在本章的电路中，当按键被按下时，引脚会处于低电平状态。为了区分按下与未被按下状态，我们需要将按键未被按下时引脚的状态拉到高电平状态，这样当按键没有被按下时，引脚处于高电平状态。幸运的是，我们不需要在面包板上添加上拉电路，Arduino 已经内置了这样的功能，我们只需要使用一个引脚配置函数就可以启用这个功能。这就是我们前面提到的引脚配置函数 pinMode()。当需要将与按键相连的 11 号引脚设置为上拉输入时，用以下语句：

　　　　pinMode(11, INPUT_PULLUP);

需要注意的是，只有输入引脚才能设置为带有上拉电路模式或者不带上拉电路模式。输出引脚只能设置为 OUTPUT 模式。

5.3.3　代码编写

首先，用定义常量的方式定义几个功能引脚号。因为这几个常量要在两个以上的函数中用到，所以我们把它们定义为全局变量，即在函数体外定义，对应代码为下面代码中的 #1～#4 行。

在 setup() 函数中定义 4 个引脚的输入、输出类型，与按键相连的引脚定义为上拉输入，对应代码为下面代码中的 #5～#8 行。当电路刚刚上电或者复位时，所有的 LED 应该都处于熄灭状态，因此将红、黄、绿三个颜色的 LED 都设置为低电平输出状态，对应代码见下面代码中的 #9～#11 行。

在电路正常运行后，应该判断按键的状态，如果是松开的，那么绿灯亮起，红灯和黄灯熄灭，提醒车辆通行；如果是按下的，那么前 5 s 红灯亮起，绿灯和黄灯熄灭，后 5 s 红灯和黄灯亮起，绿灯熄灭。这部分代码需要一直运行，所以应该放在 loop() 函数中。

实现上述功能的完整代码如下：

```
const int RED = 8;                    //红色              //#1
const int YELLOW = 9;                 //黄色              //#2
const int GREEN = 10;                 //绿色              //#3
const int BUTTON = 11;                //与按键连接的引脚   //#4
void setup() {
   // put your setup code here, to run once:
   pinMode(RED, OUTPUT);                                //#5
   pinMode(YELLOW, OUTPUT);                             //#6
   pinMode(GREEN, OUTPUT);                              //#7
   pinMode(BUTTON, INPUT_PULLUP);                       //#8

   digitalWrite(RED, LOW);                              //#9
   digitalWrite(YELLOW, LOW);                           //#10
   digitalWrite(GREEN, LOW);                            //#11
}
```

```
void loop() {
    // put your main code here, to run repeatedly:
    if(digitalRead(BUTTON) == LOW){          //低电平表示按键被按下
        digitalWrite(RED, HIGH);
        digitalWrite(YELLOW, LOW);
        digitalWrite(GREEN, LOW);
        delay(5000);
        digitalWrite(YELLOW, HIGH);
        delay(5000);
    }else {                                  //按键没有被按下
        digitalWrite(RED, LOW);
        digitalWrite(YELLOW, LOW);
        digitalWrite(GREEN, HIGH);
    }
}
```

注：这个完整功能代码的编号为 button_RYG。

本 章 练 习

基于本章的电路，将其功能改进为：当按键没有被按下时，绿灯亮起，红灯和黄灯熄灭，提醒车辆通行；当按键被按下时，绿灯仍然保持亮起状态，红灯保持熄灭状态，但黄灯亮起，提醒车辆即将切换状态；5 s 后，绿灯熄灭，红灯亮起，黄灯熄灭，禁止车辆通过并警示车辆等待。当系统进入绿灯熄灭、红灯亮起、黄灯熄灭的状态后，持续 5 s，然后绿灯和红灯的状态不变，黄灯亮起，提醒行人即将切换状态；5 s 后，系统状态切换为绿灯亮起、红灯和黄灯熄灭的状态，提示车辆进入行驶状态 (答案编号为 button_RYG_2)。

第6章 点动计数器设计

在本章中，我们将基于第 5 章的电路及元器件进一步学习 Arduino 的新知识，并构建一个用于累计按键被按下次数的电路。在这个电路中，我们将采用二进制而非常见的十进制来表示数字。通过搭建电路和编写代码，我们将深刻体会到二进制的优势，并了解使用按键输入信息时需要注意的事项。读者在掌握本章内容的基础上，可以进一步发挥创意，思考如何利用现有的元器件实现更多具有实用功能的电路。请记住，阻碍我们进步的最大障碍往往不是知识的不足，而是想象力的局限。因此，我们应该勇于想象、敢于尝试、积极实践，并从中获得乐趣和成就感。

另外，本章并未引入任何新的元器件，所有使用的元器件均已在第 5 章中详细介绍过，因此在此不再重复说明。

6.1 相关知识介绍

6.1.1 二进制

什么是二进制？我们可以通过类比十进制来理解。十进制是指计数时，计到了十时就要进位。因此，十进制所用的数字只有 0 到 9，并没有"十"这样的独立数字存在。我们是用一个"1"和一个"0"来表示数字 10 的。对于十进制中的数字，从右往左，第一位数字代表 10 的 0 次方，也就是它本身，如果是 9 就代表九个一，如果是 8 就代表八个一；第二位数字代表 10 的 1 次方(也就是十)，如果是 1 就代表一个十，如果是 5 就代表五个十；第三位数字代表 10 的 2 次方(也就是一百)，如果是 3 就代表三个一百，如果是 7 就代表七个一百。因此，数字 369 就代表三百六十九，数字 753 就代表七百五十三。

与十进制相似，二进制所用的数字只有 0 和 1。当我们要表示数字 2 时，由于二进制中计数到了二就要进位，因此，数字 2 的表示方式是 10。对于二进制中的数字，从右往左，第一位表示 2 的 0 次方，第二位表示 2 的 1 次方，第三位表示 2 的 2 次方，以此类推。因此，数字 3 表示为 $11(2^1 + 2^0)$，数字 4 表示为 $100(2^2)$，数字 5 表示为 $101(2^2 + 2^0)$，数字 7 表示为 $111(2^2 + 2^1 + 2^0)$。

从上面几个例子我们可以看出，二进制的表示只需要 0 和 1 两个数字，刚好数字电路中也有两个典型状态，即高电平(HIGH)和低电平(LOW)。因此，电路普遍采用二进制来进行计算。如果需要让电路的输出结果变为我们熟悉的十进制形式，那么需要在电路或者代码中做额外的转换处理。

6.1.2 Arduino 的数据类型

Arduino 的开发语言是 C 类语言，在使用变量时需要提前声明变量的类型和名称。但是由于 Arduino 的主控芯片都是嵌入式芯片，其内部容量有限，因此在声明变量类型前要仔细考虑设计方案，确定所需变量的数值范围，再决定声明哪种类型的变量。总的原则是，设计变量的数字范围大小时，既要避免浪费资源，也要防止数据溢出导致的错误风险。

Arduino 的处理器分为 8 位处理器和 32 位处理器两大类。我们常用的 Arduino 采用的是 8 位处理器，UNO 也是采用 8 位处理器作为控制核心的。表 6.1 所示为采用 8 位处理器的 Arduino 的通用数据类型。

表 6.1 采用 8 位处理器的 Arduino 的通用数据类型

类 型	字节数	取值范围	说 明
char	1	−128～127	可以用来存储有符号整数，或者字符的 ASCII 码
signed char	1	−128～127	与 char 类型相同
unsigned char	1	0～255	可以用来存储最大值为 255 的非负整数
byte	1	0～255	无符号 8 位整数
int	2	−32 768～32 767	有符号整数，在 8 位机型中是 2 个字节长度，在 32 位机型中是 4 个字节长度
unsigned int	2	0～65 535	无符号整数，在 8 位机型中是 2 个字节长度，在 32 位机型中是 4 个字节长度。只能存储非负整数
long	4	−2 147 483 648 ～2 147 483 647	有符号长整型数。在赋值时，数据最后要加上大写的 "L"
unsigned long	4	0～4 294 967 295	无符号长整型数。在赋值时，数据最后要加上大写的 "L"
float	4	−3.402 823 5E + 38 ～3.402 823 5E + 38	有符号的浮点小数，在所有型号的机型中都是 4 个字节长度
double	4	−3.402 823 5E + 38 ～3.402 823 5E + 38	有符号的浮点小数，在 8 位机型中是 4 个字节长度，在 32 位机型中是 8 个字节长度
bool	1	true, false	布尔类型，只有两个取值

6.1.3 bitRead()函数

根据前面的介绍，我们已经知道不同的变量类型占用的存储空间大小各异，但即使是占用空间最小的类型也至少会占用一个字节，即 8 位二进制数。然而，单片机的每个引脚只能输出或接收 1 位二进制数。在本章的例子中，我们使用的 LED 数量仅为 3 个，因此理论上只需要 3 位二进制数即可控制。那么，如何从 8 位二进制数中提取这 3 位二进制数呢？有多种方法可以实现这一目的，读者也可以自行探索与尝试。在此，我们先来学习第一种方法，即利用 Arduino 的内建函数 bitRead()来实现这一功能。

bitRead()函数的定义如下：

　　bitRead(x, n);

该函数的第一个参数是要被读取的任意类型的数据或者变量，第二个参数用于指明要读取第一个参数的第几位二进制数。对于一个长度为 m 个字节的数据或者变量来说，n 的范围为 $0 \sim 8 \times m$-1。bitRead() 函数的返回值是一个 1 位二进制数。

　　例如，要从 1 个字节长度的变量 cnt(即 8 位二进制数)中读取它的第 3 位(0 或 1)，实现方法如下：

　　bitRead(cnt, 2);

6.1.4　逻辑操作符

　　和 C 类语言一样，Arduino 的语法中也有执行逻辑运算的操作符。Arduino 的逻辑操作符(或者称为布尔操作符)有 3 个，分别是逻辑非(!)、逻辑与(&&)、逻辑或(||)。其中，逻辑非为单目操作符，它只需要一个操作数；逻辑与和逻辑或为双目操作符，它们需要两个操作数。

　　在逻辑非运算中，如果操作数 A 的逻辑值为 true，那么执行逻辑非运算后，运算结果为 false，反之亦然。逻辑非运算的真值表如表 6.2 所示。

表 6.2　逻辑非运算的真值表

操　作　数	运　算　结　果
true	false
false	true

　　在逻辑与运算中，只有当两个操作数 A 和 B 都为 true 时，运算结果才为 true，其余情况下运算结果都为 false。逻辑与运算 $C = A \,\&\&\, B$ 的真值表如表 6.3 所示。

表 6.3　逻辑与运算的真值表

操　作　数		运　算　结　果
A	B	C
true	true	true
true	false	false
false	true	false
false	false	false

　　在逻辑或运算中，只有当两个操作数 A 和 B 都为 false 时，运算结果才为 false，其余情况下运算结果都为 true。逻辑或运算 $C = A \,||\, B$ 的真值表如表 6.4 所示。

表 6.4　逻辑或运算的真值表

操　作　数		运　算　结　果
A	B	A
true	true	true
true	false	true
false	true	true
false	false	false

6.2　电路连接、功能分析和代码编写

6.2.1　电路连接

本章的设计目的是构建一个电路,用于对按键被按下的次数进行计数,并且把计数结果以二进制数的形式显示。由于二进制数中的数字只有 0 和 1,因此我们可以用 LED 的亮起和熄灭状态来分别表示 1 和 0。基于这一思路,我们在第 5 章的电路基础上添加一个按键输入电路来进一步扩展电路的功能。完整的电路连接图如图 6.1 所示。

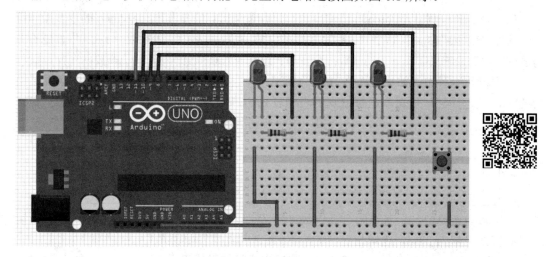

图 6.1　电路连接图

如图 6.1 所示,三个 LED 的正极通过电阻分别与 UNO 的 8 号、9 号、10 号引脚相连,LED 的负极直接与接地端(GND)相连。大家可能注意到了,在这个电路中,LED 的颜色与第 5 章中所用的 LED 的颜色不一样。不过没关系,在本章中,我们只是用 LED 的"亮"和"灭"两个状态来表示二进制中的 1 和 0,与 LED 本身的颜色无关,所以使用任何颜色的 LED 都可以。

6.2.2　功能分析

当电路刚刚启动时,按键还没有被按下,此时计数值为 0,因此三个 LED 的状态应该与 000 对应,即"灭灭灭"状态。

当按键被按下时,按键左、右两边的引脚被连通,因此 11 号引脚与 GND 之间连通,11 号引脚处于低电平状态。将与按键相连的引脚设置为上拉输入(这个功能需要在代码中完成)后,按键没有被按下时,引脚的状态为高电平状态。

因此,在代码中,我们可以通过读取 11 号引脚的状态来判断当前时刻按键是否被按下。每当我们检测到一次低电平状态(这通常意味着按键被按下),系统就认为按键被按下了一次,并据此更新计数值,进而更新 LED 的显示状态。

从理论上来说，我们只需要再增加一个变量作为计数器来记录按键被按下的次数就可以了。我们可以设置一个变量，用来存储按键被按下的次数。每当系统检测到按键被按下，就给记录按键按下次数的变量加 1，并将计数器的数值通过 LED 的亮灭表示出来，让使用者可以直观地看到计数值的变化。

6.2.3　代码编写

首先，我们需要定义三个用于输出二进制计数的引脚和一个用于输入按键状态的引脚。在 setup()函数中，将这三个输出引脚设置为输出模式，以便控制 LED 的亮灭；将输入引脚设置为输入上拉模式，以确保在没有按键按下时，引脚处于高电平状态。实现上述功能的代码如下：

```
const int D_0 = 8;              //二进制第 0 位
const int D_1 = 9;              //二进制第 1 位
const int D_2 = 10;             //二进制第 2 位
const int BUTTON = 11;          //与按键连接的引脚

void setup() {
    // put your setup code here, to run once:
    pinMode(D_0, OUTPUT);
    pinMode(D_1, OUTPUT);
    pinMode(D_2, OUTPUT);
    pinMode(BUTTON, INPUT_PULLUP);
}
```

因为要对按键被按下的次数进行计数，所以需要在代码中加入一个变量进行计数。选择变量时，在满足计数范围需求的前提下，应该遵循"宁小勿大"的原则。在本章的电路中，因为用来表示计数的 LED 只有三个，能够计数的范围为 0～7，所以可以选择 1 个字节长度的数据类型，在此选用 unsigned char 类型。因为记录按键次数的变量在 setup()函数和 loop()函数中都要用到，所以将这个变量放在这两个函数体外声明，作为全局变量来使用。因此，在定义引脚号的常量后，需要添加如下一条变量声明语句：

　　　　unsigned char cnt;　　　　//记录按键被按下次数的变量

变量 cnt 用来记录按键被按下的次数，为了保证结果的准确性，需要在电路刚刚启动的时候将这个计数值清零。因此需要在 setup()函数中加上如下一条赋初值语句：

　　　　cnt = 0;

下面开始实现检测按键被按下的功能。我们在本章的前面部分讲述了电路的结构和原理，可以得知，当按键没有被按下时，由于上拉电路的存在，按键所连的引脚(11 号引脚)的状态是高电平状态。当按键被按下时，由于按键连通了接地端，因此 11 号引脚应该处于低电平状态。由此推断，只要系统检测到 11 号引脚的状态是低电平状态，就说明按键被按下了，就给变量 cnt 加 1，然后把 cnt 的计数结果发送到 LED 上，以 LED 的亮和灭来显示就可以了。

　　首先，我们可以采用 if 语句来实现逻辑判断，构成程序执行上的分支，当按键所连接的引脚是高电平状态时，cnt 的数值不变；当按键所连接的引脚处于低电平状态时，cnt 的数值加 1。实现上述功能的代码如下：

```
if(digitalRead(BUTTON) == LOW){        //低电平表示按键被按下
    cnt = cnt +1 ;
}
```

　　在上述代码中，当 BUTTON 引脚(代码开始时用常量定义的 11 号引脚)检测到低电平时，cnt 的数值在原来的基础上加 1。当检测结果不是低电平时，不做任何操作，因此 cnt 的数值不变。此部分逻辑未在代码中明确写出，编译器编译时，若未对变量进行显式修改，则变量值保持不变。

　　注：建议读者根据自己的思路来完成这部分代码，可以有很多种实现方案。

　　接下来，我们实现将 cnt 的数值发送到 LED。变量 cnt 的类型是 unsigned char，是 1 个字节长度的变量类型，即 8 位二进制数。但是由于电路中的 LED 只有三个，因此实际上能够显示的只有变量 cnt 的低 3 位，即第 2 位、第 1 位、第 0 位。在此，我们需要把 cnt 的低三位分别对应控制三个 LED 的亮灭。因为 cnt 的数值变化需要随时体现在 LED 的亮灭上，所以这部分代码需要不停地执行，因此我们将这部分代码放在 loop()函数中。

　　实现上述功能的完整代码如下：

```
const int D_0 = 8;              //二进制第 0 位
const int D_1 = 9;              //二进制第 1 位
const int D_2 = 10;             //二进制第 2 位
const int BUTTON = 11;          //按键所连接的引脚

unsigned char cnt;             //记录按键被按下次数的变量

void setup() {
    // put your setup code here, to run once:
    pinMode(D_0, OUTPUT);
    pinMode(D_1, OUTPUT);
    pinMode(D_2, OUTPUT);
    pinMode(BUTTON, INPUT_PULLUP);
    cnt = 0;
}

void loop() {
    // put your main code here, to run repeatedly:
```

```
if(digitalRead(BUTTON) == LOW){          //低电平表示按键被按下
    cnt = cnt + 1;
}

digitalWrite(D_0, bitRead(cnt, 0) );
digitalWrite(D_1, bitRead(cnt, 1) );
digitalWrite(D_2, bitRead(cnt, 2) );
}
```

将以上代码上传到 UNO 中后，读者可以查看运行结果是否符合预期。

6.2.4　问题分析及解决方案（一）

我相信绝大多数读者的实验结果并不友好，即 LED 的亮灭顺序似乎并未遵循二进制数的递增顺序。然而，如果有读者观察到 LED 的亮灭确实按照二进制数递增的顺序变化，那么这确实是一个令人惊喜的发现。

对于大多数人而言，可能观察到的是三个 LED 在按键被按下时呈现出看似无规律的变化。但事实上，LED 的亮灭变化是遵循二进制数递增顺序的。这种现象的出现，主要是因为人眼捕捉图像的速度以及大脑处理信息的速度无法与 LED 的快速变化相匹配。

LED 的变化涉及一个关键问题：我们是期望按键被按下一次，cnt 的数值就增加 1，还是只要按键被检测到处于按下状态，cnt 的数值就不断累加？在前面的描述中，实现方案选择的是后者，即只要按键被检测到处于按下状态，cnt 就会持续累加。然而，由于电路的运行速度非常快，在人类感知的一瞬间内，代码可能已经执行了多次。因此，每次按键被按下时，我们肉眼观察到的是 cnt 经过多次累加后的结果。由于我们无法精确控制手指按下的时间长短，因此累加的次数是随机的，这导致 LED 的亮灭状态呈现出随机性。

既然分析清楚了原因，要给出解决方案就比较容易了。

LED 没有按照我们预期的那样，以二进制数递增的顺序亮灭，根本原因是人类的反应速度和电路的运行速度之间存在巨大差异。既然我们无法让人类的反应速度快起来，那么就要想办法让电路的运行速度慢下来。这个思路很容易实现，只需要在每次 cnt 的数值加 1 后延时一段时间，让我们的肉眼能够看清 LED 的变化就行了。在这里，我们增加 0.5 s 的延时。修改后的完整代码如下：

```
const int D_0 = 8;              //二进制第 0 位
const int D_1 = 9;              //二进制第 1 位
const int D_2 = 10;             //二进制第 2 位
const int BUTTON = 11;          //按键所连接的引脚

unsigned char cnt;              //记录按键被按下次数的变量

void setup() {
    // put your setup code here, to run once:
```

```
        pinMode(D_0, OUTPUT);
        pinMode(D_1, OUTPUT);
        pinMode(D_2, OUTPUT);
        pinMode(BUTTON, INPUT_PULLUP);
        cnt = 0;
    }


    void loop() {
        // put your main code here, to run repeatedly:
        if(digitalRead(BUTTON) == LOW){              //低电平表示按键被按下
            cnt = cnt + 1;
        delay(500);                                  //降低电路运行速度
        }
        digitalWrite(D_0, bitRead(cnt, 0) );
        digitalWrite(D_1, bitRead(cnt, 1) );
        digitalWrite(D_2, bitRead(cnt, 2) );
    }
```

注：这个实例的完整功能代码的编号为 button_cnt。

上述解决方案的优点在于实现简单，成本较低。通过在每次 cnt 数值加 1 后增加 0.5 s 的延时，我们可以显著减缓电路的运行速度，使得人类肉眼能够更清晰地观察到 LED 的亮灭变化。然而，这种方法也存在一个小缺陷。由于延时的存在，在 0.5 s 的时间窗口内，即使我们多次按下按键，电路也只会检测到按键被按下一次。如果按键被按下的持续时间超过了 0.5 s，那么当延时结束后，电路会再次检测到按键状态，可能会被系统误判为按键被按下了两次。

因此，在设计电路时，读者需要根据自己的使用习惯和实际应用需求来权衡延时时间的长短。如果希望提高按键检测的灵敏性，可以适当减少延时时间；如果更看重按键检测的准确性，可以适当增加延时时间。通过调整延时时间，可以在一定程度上平衡按键检测的准确性和灵敏性。

6.2.5　问题分析及解决方案（二）

如果我们希望通过按键被按下时的变化来检测按键被按下的次数，那么应该怎么做呢？解决思路是检测按键被按下这个动态的过程，而不是按键已经被按下这个静态的结果。也就是说，按键从松开状态变成按下状态后，系统只检测并记录一次。如果我们一直按住按键不松开，无论时间多长，系统都不会认为按键被按下了第二次，因为在这个过程中按键的状态没有发生变化。

要实现这样的检测方案，关键是捕捉按键从松开到被按下前后两个状态的变化，因此需要两个变量来记录这两个状态。笔者将这两个变量定义为 pre_state 和 state。在变量声明

部分加入以下语句:

```
bool pre_state;              //用来记录前一时刻的状态
bool state;                  //用来记录当前时刻的状态
```

　　因为当按键没有被按下时,与按键相连的引脚的状态应该是 HIGH,所以在初始化部分,即 setup()函数中,加入初始值赋值语句,将 pre_state 和 state 两个变量赋予初值 HIGH:

```
pre_state = HIGH;
state = HIGH;
```

　　在每次对按键状态进行检测之前,先将当前时刻的状态(即 state 的值)保存到 pre_state 中,以记录前一时刻的状态,然后再读入新的当前时刻的状态。当检测到前一时刻的状态变为 HIGH,当前时刻的状态为 LOW 时,说明按键被按下了,此时将 cnt 的数值加 1。

　　方案二的完整实现代码如下:

```
const int D_0 = 8;           //二进制第 0 位
const int D_1 = 9;           //二进制第 1 位
const int D_2 = 10;          //二进制第 2 位
const int BUTTON = 11;       //按键所连接的引脚

unsigned char cnt;           //记录按键被按下次数的变量
bool pre_state;              //用来记录前一时刻的状态
bool state;                  //用来记录当前时刻的状态

void setup() {
    // put your setup code here, to run once:
    pinMode(D_0, OUTPUT);
    pinMode(D_1, OUTPUT);
    pinMode(D_2, OUTPUT);
    pinMode(BUTTON, INPUT_PULLUP);
    cnt = 0;
    pre_state = HIGH;
    state = HIGH;
}

void loop() {
    // put your main code here, to run repeatedly:
    pre_state = state;                          //把当前时刻的状态存入前一时刻状态寄存变量
    state = digitalRead(BUTTON);                //读取新的当前时刻的状态

    if( (pre_state == HIGH)&& (state == LOW) ){ //表示按键被按下
        cnt = cnt + 1;
```

```
    }
    digitalWrite(D_0, bitRead(cnt, 0) );
    digitalWrite(D_1, bitRead(cnt, 1) );
    digitalWrite(D_2, bitRead(cnt, 2) );
}
```

注：这个功能代码的编号为 button_cnt_1。

读者可以将上述代码输入 Arduino IDE 中并上传到 UNO 中，也可以从笔者的 CSDN 博客上拷贝。不过笔者仍然建议读者自己把上述代码输入到 Arduino IDE 中，并进行调试，这样会使你的印象更深刻。

在上述代码成功上传后即可进行测试。可以发现，方案二的功能与方案一的不同之处是，如果按键被按下一直不松开，那么 cnt 的计数不会一直增加，而是保持不变。

方案二到目前为止依然有一点小瑕疵。读者在多次测试后可能会发现，偶尔会出现按键被按下一次，但是计数值增加了 2～3 的情况。出现这种情况的原因有两个：一是按键中的金属弹片和触点的接触面不够光滑，导致在按压过程中可能会出现多次断续触碰；二是人类的手指按压动作很难做到没有一点晃动，这也可能造成金属弹片和触点的多次触碰。这些原因共同导致了一次按压过程中可能出现多次 HIGH 和 LOW 之间的状态变化，这种现象被称为"毛刺"现象。

消除"毛刺"(也称为"消抖")的方法有很多。最简单的一种方法就是在系统检测到第一次 HIGH 和 LOW 的状态变化后，延时一小段延时。因为"毛刺"出现的时间往往很短，所以在"毛刺"已经出现且引脚的状态稳定后，再进行其他操作，这样就可以避免误计数问题了。

综上所述，为了解决"毛刺"问题，在检测到按键所连引脚的跳变后，应该增加一小段延时(通常为 0.1～0.2 s)，以确保状态的稳定，从而避免计数值的异常增加。加入"消抖"功能后的完整代码(编号为 button_cnt_2)如下：

```
const int D_0 = 8;              //二进制第 0 位
const int D_1 = 9;              //二进制第 1 位
const int D_2 = 10;             //二进制第 2 位
const int BUTTON = 11;          //按键所连接的引脚
unsigned char cnt;              //记录按键被按下次数的变量
bool pre_state;                 //用来记录前一时刻的状态
bool state;                     //用来记录当前时刻的状态
void setup() {
    // put your setup code here, to run once:
    pinMode(D_0, OUTPUT);
    pinMode(D_1, OUTPUT);
    pinMode(D_2, OUTPUT);
```

```
        pinMode(BUTTON, INPUT_PULLUP);
        cnt = 0;
        pre_state = HIGH;
        state = HIGH;
    }
void loop() {
    // put your main code here, to run repeatedly:
        pre_state = state;                        //把当前时刻的状态存入前一时刻状态寄存变量
        state = digitalRead(BUTTON);              //读取新的当前时刻的状态

        if( (pre_state == HIGH)&& (state == LOW) ){   //表示按键被按下
            delay(200);
            cnt = cnt + 1;
        }
        digitalWrite(D_0, bitRead(cnt, 0) );
        digitalWrite(D_1, bitRead(cnt, 1) );
        digitalWrite(D_2, bitRead(cnt, 2) );
    }
```

　　读者可以在笔者的博客上看到完整代码，也建议读者自己尝试在不同位置处加入延时语句，来测试最佳的"消抖"效果。

本 章 练 习

　　1. 基于本章中的电路，设计一个计数器，用于记录按键被按下的次数。这次的要求有所不同，我们将使用 LED 的亮起状态来表示计数值为 0，熄灭状态表示计数值为 1。每当按键被按下一次，LED 显示的计数值需要加 1。请确保你的设计能够准确实现上述功能，并考虑如何处理按键抖动问题(答案编号为 button_cnt_cvt)。

　　2. 基于本章中的电路，设计一个计数器，用于记录按键被按下的次数。但这次的要求有所变化，LED 的熄灭状态将表示计数值为 0，而亮起状态则表示计数值为 1。每当按键被连续按下两次时，LED 显示的计数值才增加 1。请确保你的设计能够准确实现上述功能，并考虑如何处理按键抖动问题(答案编号为 button_cnt_db)。

第 7 章　光敏传感器和串口通信

7.1　元器件介绍

1. 光敏电阻

光敏电阻(Photoresistor 或者 Light-Dependent Resistor)是一种常见且廉价的光线强度检测传感器。目前市场上常用的光敏电阻多是采用硫化镉(一种光敏材料)制作而成的，其工作原理是基于内光电效应的。当有光照射到光敏材料上时，材料内部的载流子增多，光敏电阻的电阻值变小；当没有光照射到光敏材料上时，光敏电阻的电阻值变大。光敏电阻的实物图如图 7.1 所示，光敏电阻的电路图标如图 7.2 所示。需要注意的是，在不同版本的国家标准或者国际标准中，光敏电阻的图标可能会有所不同。

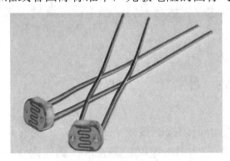

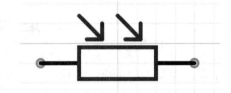

图 7.1　光敏电阻的实物图　　　　　　　图 7.2　光敏电阻的电路图标

在光敏电阻的关键参数中，常用的有两个：一个是亮电阻，一个是暗电阻。亮电阻是指当有充足的光照射到光敏电阻的感光面时，光敏电阻能够达到的最小电阻值。暗电阻是指没有光照射到光敏电阻的感光面时，光敏电阻能够达到的最大电阻值。不同型号的光敏电阻，其亮电阻和暗电阻也不同。但通常来说，亮电阻的数值一般在千欧数量级，暗电阻的数值一般在兆欧数量级。

2. 其他元器件

在本章的电路构成中，还要用到一个普通的电阻(在此选用电阻值为 10kΩ 的电阻)、控制核心——UNO、若干导线和一根 USB 下载线。

在选取普通的电阻时，其电阻值的大小与所使用的光敏电阻的亮电阻和暗电阻值的大小有关。由于在实际应用中，很少会遇到完全没有光的环境，因此在选取电阻与光敏电阻进行电路连接(通常是串联)时，其电阻值一般为光敏电阻的亮电阻的几倍较为适宜。

7.2　相关知识介绍

7.2.1　模拟信号

在本章中，我们将学习模拟信号的概念。在前面几章中，读者接触到的都是数字信号。数字信号将工作区间的电压分为高电平和低电平两种状态。一个数字信号每次只能表示两种可能的信息状态，即高电平表示一种信息状态，低电平表示另一种信息状态。但是如果把处于工作电压区间内的每一个不同的电压值都赋予不同的意义，那么在理论上，一个信号可以包含无穷多种可能的信息状态，这就是模拟信号优于数字信号的地方。在自然界中，并不存在像数字信号那样阶跃式跳变的电信号，所以最原始、最真实的前端传感器信号都是模拟信号。因此，复杂度较大的系统往往都需要用到能够读取模拟信号的独立器件或者控制核心。

在实际应用中，模拟信号所能够携带的信息量的大小，一方面受限于将信息调制到电压或者电流信号的系统的调制方法和精度，另一方面也受限于信息接收方能够读取和识别的模拟信号的精度。

7.2.2　模拟输入引脚

在 Arduino 系列单片机中，每个型号的单片机都有可以采集模拟信号的引脚，称为模拟输入引脚。根据单片机型号的不同，模拟输入引脚的数量和分布位置也不同。在 UNO 中，模拟输入引脚共有 6 个，引脚编号为 A0～A5。

模拟输入引脚的输入信号是模拟电压，所以在 setup()函数中，无须使用 pinMode()函数来定义这些引脚的工作模式。pinMode()函数仅用于定义数字引脚的工作模式。

需要注意，如果把某个模拟输入引脚用 pinMode()函数定义为数字引脚来使用，那么在系统运行期间，这个引脚就不能再作为模拟输入引脚使用。也就是说，在同一时刻，引脚只能具有模拟电压读取功能和数字电压输入输出功能中的一种，不能同时兼有两种功能。

7.2.3　模拟电压读取函数 analogRead()

当模拟输入引脚读取外部输入的模拟信号时，可以用 Arduino 内置的模拟电压读取函数 analogRead()。该函数定义为 analogRead(pin)，函数的参数是引脚名称。例如，要读取模拟输入引脚 A2 输入的模拟电压值，就写作 analogRead(A2)。

模拟电压值的读取是通过与模拟输入引脚相连的模数转换器(Analog to Digital Converter, ADC)来完成的。ADC 是一种将模拟电压值转换成一个具体二进制数的器件，其转换的结果与三个因素有关：最高电压值、最低电压值、数据位宽。其中，最高电压值决定了能够被测量的电压的最大值 V_{max}；最低电压值决定了能够被测量的电压的最小值 V_{min}；数据位宽则决定了能够被测量的电压的精度，数据位宽越宽，测量精度越高。

由于在 Arduino 系列单片机中，不同型号单片机的核心 MCU 不同，因此最高电压值、最低电压值和数据位宽这三个数据可能会不一样。以 UNO 为例，它的工作电压是 5 V，最低电压即接地电压 0 V，数据位宽 10 位。因为 ADC 的测量结果为无符号整数，所以测量结果能够表示的最小数为 $0(2^0 - 1)$，能够表示的最大数为 $1023(2^{10} - 1)$。在没有外接另外的电压源的情况下(这也是最常见的情况)，工作电压 5 V 是能够被 ADC 测量的电压最大值，测量时的输出结果为 1023；接地电压 0 V 是能够被测量的电压最小值，测量时的输出结果为 0。任意一个[0,5]电压范围内的电压值，其测量数据的计算公式为

$$\text{Data}_{\text{detect}} = \frac{1023 \times V_{\text{in}}}{5} \tag{7-1}$$

式中，V_{in} 是被测量的电压值，$\text{Data}_{\text{detect}}$ 是 ADC 测量后输出的数值。根据得到的数值，就可以知道被测的模拟电压的高低了。

7.2.4　串口通信

Arduino 作为一种嵌入式系统(我们直接将其视为单片机来使用)，它的运算速度、运算资源、引脚资源等都是有限的。实际上，这也是所有嵌入式系统都面临的问题。因此，在很多情况下，需要嵌入式系统与其他控制核心组成控制网络，或者与上位机交换数据和协调工作。不管是单片机还是嵌入式系统，在与其他电路系统进行通信时，通信双方需要遵守相同的通信协议。现有的通信协议有很多种，不同通信协议支持的通信速度、带宽、协议规定的握手方式都不相同，分别适用于不同的应用场景。在硬件电路的调试和底层通信协议中，串口通信是最常用的一种通信方式。

在与通信相关的描述中，与硬件连接相关的部分称为接口，与传输方式相关的部分称为协议。接口指的是引脚的数量、名称和功能，以及输入、输出连接的方式等。协议指的是数据传输的信号时序、数据构成方式、校验方式等。由于接口和协议的关系非常紧密，因此在日常指代时，人们往往将二者不加细分。

串口通信是最常用的一种通信方式。它的电路构成非常简单，稳定性非常好，而且其正常工作时不需要 MCU 从软件层面进行控制。所以几乎所有的嵌入式系统都配备有串口，用于与其他系统或者传感器通信，或者用于嵌入式系统的代码调试和下载。

串口通信的过程是将数据拆分成多个单比特的数据并按照从高到低或者从低到高的顺序进行传送。也就是说，如果一个 8 位的并行通信只需要一次就可以传送一个字节(也就是 8 bit)的数据，那么串口通信需要至少 8 次才能完成。因此，串口通信的传输速率相对较低，数据带宽较小。但是与并行通信相比，串口通信的优势很明显，因为数据按照一位接一位的顺序传送，所以只需要一根数据线就可以传送任意数据位宽的数据。因此在串口通信中，使用的连线较少，硬件连接占用的引脚数量也就较少，最少只需要两根数据线。而且连线少了，连接出问题的可能性就小，也更容易排查连接故障。

基本的串口通信方式分为同步串口通信(USRT)方式和异步串口通信(UART)方式。由于异步串口通信方式需要的连线更少，只需要 RX 和 TX 两根通信线就可以实现双工通信，因此异步串口通信方式在实际应用中更为常见。

本章中所用的 UNO 单片机只有一个异步通信串口，串口引脚的数据接收引脚(RX)与 0 号引脚复用，数据发送引脚(TX)与 1 号引脚复用。另外，串口的两个引脚与电路板上的 USB

转串口芯片相连，在 Arduino IDE 中编译好的代码就是通过 RX 和 TX 这两个引脚下载到 UNO 的存储器中的。当 UNO 与电脑上的 Arduino IDE 进行通信时，也是通过这个异步通信串口进行的。因此，不到万不得已，不要占用 0 号和 1 号引脚(也就是 RX 和 TX 引脚)做其他用途。

串口通信常常需要设定传输模式，共包括三个基本参数：数据位数、奇偶校验、停止位宽。

(1) 数据位数。这个参数用于设定每一次连续传输几个比特数据。由于不同器件或者不同系统之间的定时器可能存在误差，因此串口通信，尤其是异步串口通信是不能够一直不停地传输数据的。每当连续传送固定位数的数据后，就需要双方停下来校准时间基准，然后重新开始传输数据。

(2) 奇偶校验。这个参数用于设置在每次传输完数据后是否进行奇偶校验，以及进行奇偶校验时是奇校验还是偶校验。奇校验是检验所传输的数据中"1"的个数，如果是奇数，那么校验位为 0；如果是偶数，那么校验位为 1，总之就是凑够奇数个"1"。偶校验也是同理，总之凑够偶数个"1"。

(3) 停止位宽。这个参数用于设定停止位的宽度(即停止位宽)。当一次连续数据传输完毕后，要通知发送方数据传输完毕，收、发双方开始重新同步，这就需要送出停止位。停止位的位宽是多少位，由这个参数设置。

7.2.5　Serial.begin()函数

在本章中，我们将要实现的一个功能是由 UNO 向电脑发送数据并显示。这需要用到 UNO 的串口通信功能。在 Arduino 中，串口具有广泛的应用，同时也提供了丰富的功能函数。我们将在不同章节中针对不同的应用需求来介绍不同的功能函数。如果读者需要了解串口的所有功能函数，可以查询 Arduino 的官方手册，这一定是最权威且最详细的参考资料。

如果 Arduino 的串口仅用于下载代码，那么不需要手动设定串口的通信速率，系统会自动匹配。但是，当我们将串口用于与其他器件、电脑上的 Arduino IDE 或者其他应用程序通信，就需要通信的双方事先约定好一个通信速率。通信双方必须以相同的速率发送和接收数据，这样才能确保通信的正常进行。如果发送方和接收方的串口速率不一致，那么就会出现通信混乱，双方接收到的都将是无法解读的乱码。

因此，当使用串口作为通信接口时，需要预先设定好通信双方的发送速率和接收速率。由于串口是一种全双工通信接口，因此它可以同时发送数据和接收数据。从理论上来说，可以对串口设置两个速率，即发送速率和接收速率。但是为了节省成本和简化操作，多数厂家只对串口设置一个速率，用于发送数据和接收数据。也就是说，串口的发送和接收都采用同一个速率，我们在设置时也只需要设置一个速率即可。

Arduino 的串口的功能函数有很多，可配置的参数也比较多，这些功能函数在 Arduino 中是以类的成员函数的形式存在的。在 Arduino IDE 的编译过程中，串口类默认会被加入编译过程，所以在编写代码时，不需要额外地把串口的类库包括进来。

对于不同型号的 Arduino 产品，串口的数量不同。因为 UNO 只有一个串口，所以串口对象名为 Serial。如果某种型号的 Arduino 产品有多个硬件串口，那么需要区分具体是哪个串口。例如，Mega 2560 有 Serial、Serial 1、Serial 2、Serial 3 四个串口对象。

在使用 UNO 的硬件串口时，首先要设置串口的通信速率，可以用以下两个函数进行设置：

　　　　Serial.begin(speed);

　　　　Serial.begin(speed, config);

在上述两个函数中，前一个函数 Serial.begin(speed)用得比较多。它仅仅只对数据传输速率进行设置，没有对传输模式进行设置，即没有对数据位数、奇偶校验和停止位宽进行设置。这三个参数使用的是默认设置，即数据位数是 8 位，没有奇偶校验，停止位宽为 1 位。

对于速率参数 speed，尽管理论上可以设置任意速率，但是不建议读者随意设置非标准速率。这样做不仅可能导致通信异常，而且还会使你的电路与任何常用电路都不兼容，降低通用性。常见的串口通信速率有 300、1200、2400、4800、9600、19 200、38 400、57 600、74 800、115 200 等。在设置串口的通信速率时，一定要确保与串口连接的器件或者系统支持所设置的速率，并将对方的速率也设置为相同值，否则无法正常通信。

如果你选用的是第二个串口通信速率设置函数 Serial.begin(speed, config)，那么除了设置速率参数 speed，还要设置传输模式参数 config，以确定传输的数据位数、奇偶校验和停止位宽。由于这三个参数的可选设置组合比较少，因此采用固定搭配的方式将三个参数合并为一个参数来实现。串口传输模式配置如表 7.1 所示。

表 7.1　串口传输模式配置表

数据位数	无奇偶校验/停止位宽 1 bit	奇校验/停止位宽 1 bit	偶校验/停止位宽 1 bit	无奇偶校验/停止位宽 2 bit	奇校验/停止位宽 2 bit	偶校验/停止位宽 2 bit
5 bit	SERIAL_5N1	SERIAL_5O1	SERIAL_5E1	SERIAL_5N2	SERIAL_5O2	SERIAL_5E2
6 bit	SERIAL_6N1	SERIAL_6O1	SERIAL_6E1	SERIAL_6N2	SERIAL_6O2	SERIAL_6E2
7 bit	SERIAL_7N1	SERIAL_7O1	SERIAL_7E1	SERIAL_7N2	SERIAL_7O2	SERIAL_7E2
8 bit	SERIAL_8N1	SERIAL_8O1	SERIAL_8E1	SERIAL_8N2	SERIAL_8O2	SERIAL_8E2

7.2.6　Serial.print()函数和 Serial.println()函数

Arduino IDE 内置了一个串口监视器，该串口监视器与电脑上的串口相连，可以用于接收并显示外部器件或者系统(比如 Arduino、STM32)通过串口发送过来的数据。串口监视器的打开方式是点击菜单栏中的"工具→串口监视器"。当然，也可以使用其他串口通信工具接收 UNO 发送过来的数据，显示效果是一样的。

控制 Arduino 向电脑端 Arduino IDE 发送数据，有多种方法可以实现，最常用的方法是调用 Serial.print()和 Serial.println()两个函数。这两个函数的用法基本相似，唯一的区别是 Serial.print()函数只是把数据发送给 Arduino IDE；而 Serial.println()函数会在数据发送完毕后，自动添加一个换行符，这使得接收端在显示数据时，每次接收数据后自动换行，从而使得显示结果更加清晰明了。这两个函数的名字翻译过来是"打印"，顾名思义，调用这两个函数发送任何内容时，就像打印机一样，输出的都是字符或者字符串。也就是说，这两个函数会把任何内容都转换成 ASCII 的标准字符来发送。例如，

　　　　Serial.print("a");

　　　　Serial.println("a");

执行上述语句时，就是 Arduino 向电脑端发送字符"a"的 ASCII 码值，即十六进制的 61，或者十进制的 97。

这两个函数在发送字符串的时候，会将字符串中的每个字符的 ASCII 码值依次发送出去，接收方在接收到这些 ASCII 码值后，会按照 ASCII 码表里的对应关系，将和这些码值对应的字符依次显示在屏幕上。例如

Serial.print("Hello! ");

Serial.println("Hello");

执行上述语句时，就是依次将"H""e""l""l""o""!"的 ASCII 码值依次发送出去。

需要注意的是，在调用这两个函数发送非字符类的内容时，这些内容也会被自动转换成字符或者字符串的形式后再发送出去。例如，

Serial.print(67);

Serial.println(67);

执行上述语句时，发送的并不是数字 67，而是将字符"6"的 ASCII 码值的十进制数 54 和字符"7"的 ASCII 码值的十进制数 55 发送出去。接收方在接收到数据后，会按照 ASCII 码表里的对应关系，将 54 和 55 这两个数字"翻译"为对应的字符"67"显示在屏幕上。

如果调用这两个函数发送一个浮点数，那么需要特别注意。在不做任何参数设置的情况下，发送浮点数时会自动保留小数点后两位，并采用四舍五入的方式截位。例如，使用下面两条语句中的任意一条发送数字 1.345 67：

Serial.print(1.34567);

Serial.println(1.34567);

执行上述语句后，接收方电脑屏幕上显示的是 1.35，这是 1.345 67 四舍五入保留两位小数后的结果。如果执行下面两条语句中的任意一条发送数字 1.3444：

Serial.print(1.3444);

Serial.println(1.3444);

那么接收方电脑屏幕上显示的就是 1.34。

如果希望整数按照特定的进制显示，那么这两个函数提供了方便的进制转换参数。函数调用方式如下：

Serial.print(data, format);

Serial.println(data, format);

其中，第一个参数是要显示的数据，采用十进制形式制输入。第二个参数用于设置数据的显示进制。通过选择不同的格式参数，可以轻松实现十进制、十六进制、八进制等不同进制的转换和显示。不同进制配置参数表如表 7.2 所示。

表 7.2　不同进制配置参数

转换进制	二进制	八进制	十进制	十六进制
配置参数	BIN	OCT	DEC	HEX

例如，如果想把十进制的 78 用十六进制显示，那么可以用以下语句：

Serial.print(78, HEX);

Serial.println(78, HEX);

执行上述语句后，接收方电脑屏幕上的显示结果为"4E"。有兴趣的读者可以自己算一下，将十进制的 78 转换成十六进制的结果是否正确。

如果要显示一个浮点数，而且希望保留小数点后的有效位数，那么可以在这两个函数里面加上设置有效位数的参数，函数调用方式如下：

Serial.print(data, lgth)；

Serial.println(data, lgth)；

上述函数中的第一个参数是要显示的浮点数，第二个参数是要保留的小数位个数。例如，

Serial.print(1.234567, 4)；

就表示要显示浮点数 1.234 567，并四舍五入保留小数点后面 4 位。执行这条语句后，输出结果为 1.2346。

7.2.7　Serial.write( )函数

从前面对 Serial.print()和 Serial.println()两个函数的功能描述可以看出，这两个函数能够自动处理输入内容，将其转换为对应的字符形式进行发送。例如，当向 Serial.print()函数中输入数字 57 时，它会自动将这个数字转换为字符"5"和"7"的 ASCII 码值，即发送 53 和 55 这两个数据。

然而，如果我们希望直接发送数字 57 本身，而不是其字符表示，那么就需要使用 Serial.write()函数。Serial.write()函数不会进行任何数据转换操作，而直接发送输入的原始数据值。

通过以下两个实例，我们可以明显看出 Serial.print()、Serial.println()与 Serial.write()函数之间的区别。

执行以下语句

Serial.print(57)；

或

Serial.println(57)；

时，会在电脑屏幕上以字符形式显示"5"和"7"这两个字符，因为函数 Serial.print()、Serial.println()会将数字 57 转换为对应的 ASCII 字符发送。

而执行语句

Serial.write(57)；

时，会在电脑屏幕上显示 ASCII 码值为 57 的字符，即数字"9"，因为函数 Serial.write()直接发送了数字 57 的原始值，而这个值在 ASCII 码表中对应的是字符"9"。

7.3　电路连接和代码编写

7.3.1　电路连接

电路的实物连接图如图 7.3 所示。光敏电阻的左端与一个阻值为 10 kΩ 的电阻的右端

串联，阻值为 10 kΩ 电阻的左端与 UNO 的接地端相连，光敏电阻的右端与 UNO 的 5 V 供电端相连。光敏电阻与阻值为 10 kΩ 的电阻组成了一个串联电路，二者的连接点通过一根黄色导线与 UNO 的 A0 引脚相连，UNO 通过 A0 引脚读取该连接点的电压值。

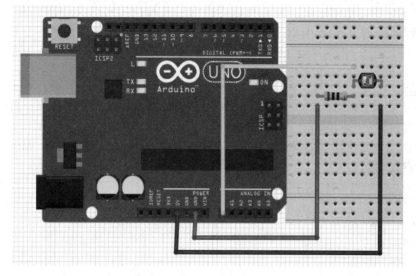

图 7.3　电路的实物连接图

图 7.4 是电路原理图，其中 R_1 为光敏电阻，R_2 为普通电阻。与电路的实物连接图对比可以看出，尽管电路原理图中器件的外形、图标以及 UNO 上引脚的位置可能有所不同，但是各个器件之间的连接关系是一致的。在电路原理图中，我们并不在意器件的实际体积大小，所有的器件都用符号图标来表示，真正重要的是各个器件之间引脚的连接关系。在熟悉了电路设计后，电路原理图往往比实物连接图更容易帮助我们理解电路的连接关系。因此，在后续的章节中，我们将更多地使用电路原理图来表述电路的连接关系。

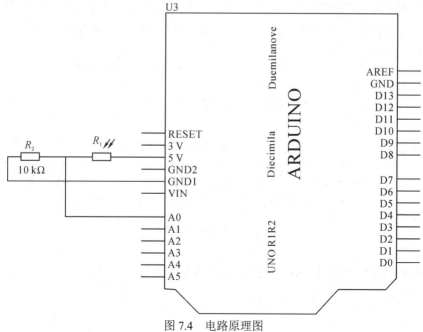

图 7.4　电路原理图

从图 7.4 中可以看出，当照射到光敏电阻上的光越弱时，光敏电阻的阻值越大。此时，在串联电路中光敏电阻上分得的电压值就越多，即光敏电阻上的电压降越大，导致 A0 引脚的电压值越低。相反，当照射到光敏电阻上的光越强时，光敏电阻的阻值越小，此时 A0 引脚连接处的电压值越高。我们可以尝试使用各种物品来遮挡光敏电阻，通过查看 A0 引脚读取的数据来计算出 A0 引脚的实时电压值，然后进一步算出此时光敏电阻的阻值。

7.3.3　代码编写

基于以上功能分析，我们按以下步骤编写代码。

(1) UNO 通过串口与电脑端 Arduino IDE 进行通信，因此在 setup() 函数中，先对串口通信速率进行设置，代码如下：

```
void setup() {
    // put your setup code here, to run once:
    Serial.begin(9600);
}
```

(2) 不停地检测 A0 引脚的电压值，并实时地将其发送到电脑端 Arduino IDE 的串口监视器上显示。为了防止中间运算部分出错，把测量电压后得到的原始数据、换算后得到的电压值以及根据电压值算出来的光敏电阻的电阻值都发送给串口监视器。这部分代码在 loop() 函数中完成。由于需要输出三个值，因此声明三个变量来分别存储这三个数据。

读入 A0 引脚的原始数据的最大值可能为 1023，最小值可能为 0，所以将其声明为 unsigned int 类型，取名为 algData。计算出的 A0 引脚的电压值是一个 0～5 V 之间的浮点数，所以将其声明为 float 类型，取名为 vltg。根据电压值计算得出的光敏电阻的电阻值可能是整数，也可能是小数，所以将其声明为 float 类型，取名为 ldrRstr。实现上述功能的声明代码如下：

```
const int ldrPin = A0;      //定义与光敏电阻相连的引脚为 A0 引脚
unsigned int algData;       //存储读取的 A0 引脚的原始数据
float vltg;                 //存储 A0 引脚的电压值
float ldrRstr;              //存储光敏电阻的电阻值，单位为 kΩ
```

(3) 编写读取电压转换数据和计算部分的代码。首先读入电压转换数据到 algData 中，然后根据 5 V 对应 1023、0 V 对应 0，得出 A0 引脚的电压值计算公式为

$$vltg = \frac{algData \times 5.0}{1023} \tag{7.1}$$

根据串联电路的电压与电阻值成正比原理，得出光敏电阻的电阻值计算公式为

$$\frac{ldrRstr}{10} = \frac{5 - vltg}{vltg} \tag{7.2}$$

式中，左侧的 10 是与光敏电阻串联的电阻的电阻值(10 kΩ)，右侧的 5 是电压值(5 V)。有兴趣的读者可以自己用欧姆定律推算一下。

(4) 打印输出，为了刷屏不至于过快让人看不清，在每次读取后都延时 1 s。这部分代码如下：

```
void loop() {
    // put your main code here, to run repeatedly:
    algData = analogRead(ldrPin);              //读取 A0 引脚的原始数据
    vltg = algData*5.0/1023;                    //计算出 A0 引脚的电压值
    ldrRstr = 10*(5-vltg)/vltg;                 //计算出光敏电阻的电阻值
    Serial.print("原始数据：");
    Serial.println(algData);
    Serial.print("计算出的电压值");
    Serial.println(vltg);
    Serial.print("光敏电阻阻值：");
    Serial.println(ldrRstr);
    Serial.println("===================="); //加入一行分隔符
    delay(1000);
}
```

在代码编译成功并且成功下载到 UNO 中后，点击 Arduino IDE 的菜单栏中"工具→串口监视器"，调出串口监视器窗口。将窗口右下角的波特率设置为 9600，与代码中的设置保持一致，此时就可以看到源源不断刷新出来的结果了。显示结果如图 7.5 所示。

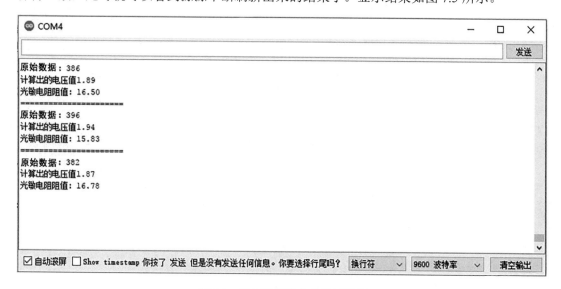

图 7.5　串口监视器中的显示结果

注：这个完整功能代码的编号为 LDR。

本 章 练 习

　　在本章的电路基础上实现一个具有告警功能的光强度检测器。当光线强度低于设定的阈值(这个数值读者根据自己的实验环境来设定)时，L 灯开始闪烁，提示当前环境的光线强度较弱；当光线强度大于设定的阈值时，L 灯处于长亮状态(答案编号为 LDR_a1)。

第8章 温湿度检测

　　温度和湿度检测是对环境进行检测和评估的常见手段，其不仅适用于人们的日常生活环境，在很多对环境温湿度敏感的工业加工制造领域，也同样是环境监测的重要手段。在工业应用领域，由于应用场景通常比较苛刻，而且测量目标参数具有高度的针对性，因此在选择器件时，往往会采用温度传感器和湿度传感器分离的方案，以追求足够精度的温度和湿度测量结果。但是在民用领域，对温湿度测量的精度要求不高，所以为了节约成本，往往更加倾向于选用温湿度一体的集成传感器。

　　温湿度一体的集成传感器有很多种，大体上可以分为两大类，即模拟传感器和数字传感器。

　　模拟传感器的特点是将测量得到的结果以模拟电压的形式传送出来。电压值的高低直接与温度或者湿度值成比例。将电压值通过模拟引脚读取后，就可以计算出当时的环境温度或者湿度。这一类传感器的优点是成本低，而且电路结构简单。但是由于模拟传感器输出的是模拟信号，很容易受到外界噪声的干扰，因此在设计电路板时需要特别小心。

　　数字传感器是芯片加工工艺进步的必然结果。随着芯片加工工艺的不断进步，加工成本不断降低，将简单的数字化处理电路直接集成到传感器上，对成本的影响变得越来越小。测量结果数字化的优点很明显，测量结果以二进制数据的形式从传感器传输到主控端，这增强了数据的抗干扰性。随着芯片加工工艺的持续发展，智能传感器必然会成为传感器发展的主流。目前，很多数字传感器已经具有智能传感器的特征，即不仅将测量结果以数字化形式传输，而且数据可以校验，传感器也具有可编程功能和数据再加工功能。

8.1 器件介绍

　　DHT11 数字温湿度传感器(在后续文中简称为 DHT11)是一款含有已校准数字信号输出的温湿度一体的集成传感器。它采用专用的数字模块采集技术和温湿度传感技术，确保产品具有极高的可靠性和卓越的长期稳定性。DHT11 包含一个电阻式感湿元件和一个负温度系数(Negative Temperature Coefficient, NTC)测温元件，并与一个高性能 8 位单片机相连接。因此 DHT11 具有测量结果准确、响应速度快、抗干扰能力强、性价比高等优点。每个合格的 DHT11 在出厂前都已在极为精确的湿度校验室中进行校准。校准系数以程序的形式存储在一次性可编程(One Time Programable, OTP)内存中，DHT11 内部在处理检测信号的过程中要调用这些校准系数对测量结果进行修正。

DHT11 的重要参数如下：

(1) 供电电压范围为 3.3～5.5 V；

(2) 湿度测量范围为 5%～95%RH；

(3) 温度测量范围为 -20℃～+60℃；

(4) 湿度测量精度为 ±5%RH；

(5) 温度测量精度为 ±2℃。

DHT11 采用单线串行接口，只需要一个数据引脚(DATA)即可进行双向数据传输，再加上电源引脚(VCC)和地线引脚(GND)，总共有三个引脚(VCC、GND、DATA)。现有的 DHT11 内封装有 4 个引脚，因为还包含一个空引脚(NC)。DHT11 的实物图如 8.1 所示。

DHT11 的单总线需要执行双向数据传输功能，因此数据引脚与控制单元相连时需要外加一个弱上拉电阻。DHT11 的电路连接方式如图 8.2 所示。需要注意的是，上拉电阻的阻值不能太小，否则可能会导致数据读取错误。

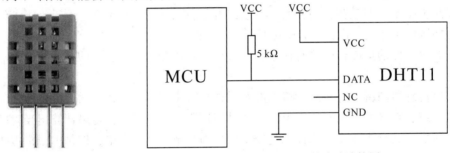

图 8.1　DHT11 的实物图　　　　　图 8.2　DHT11 的电路连接图

读者在使用 DHT11 时，可以在面包板上或者电路板上搭建上拉电路，也可以购买已经集成了电源指示灯和上拉电阻的 DHT11 模块。DHT11 模块仅有 VCC、GND 和 DATA 三个有效引脚，连接更加简单，将其直接与 UNO 或者其他控制电路相连就可以了。市场上常见的 DHT11 模块的实物图如图 8.3 所示。

图 8.3　DHT11 模块的实物图

8.2　相关知识介绍

8.2.1　宏定义 define

关键字 define 通常被直译为"预定义"。它的作用与前面介绍的定义常量类似，可以为程序提供一个字符串来代表一个不变的数字或表达式，例如定义 PI 代表 3.14。但是预定义和定义常量两者的工作机制完全不同。

假设这样一个场景，在系统中需要用 A3 引脚来控制一个 LED。出于代码可维护性的考虑，我们不应该直接在功能代码中使用 A3，而应该在一开始用某个代号来代表 A3。这样当需要变更电路连接的引脚时，不需要在代码中逐行查找在哪个地方用到了 A3 引脚，只需要在一开始定义这个代号的地方修改代号对应的引脚号就可以了。

如果使用定义常量的方法来指明控制 LED 的引脚，代码如下：

```
const int LEDPin = A3;
```

那么实现这个功能的机制是，在 Arduino IDE 进行代码编译时，在一个 int 类型的存储空间中存储 A3 这个值，只要代码中需要调用这个常量，就会去这个存储空间中读取。

如果采用预定义的方法来指明控制 LED 的引脚，那么和定义常量的方式类似，在整个代码文件的开头部分进行预定义，代码如下：

```
#define LEDPin A3
```

上述预定义代码的工作机制是，在 Arduino IDE 编译代码前，将代码中存在的 LEDPin 这个宏名称用 A3 这个文本字符串来代替，然后再进行编译。这一类以#开头的指令产生作用的时刻是在代码被编译之前，因此这一类指令也被称为预处理指令，#define 操作也因此被称为预定义操作。

预定义和定义常量两者的工作机制不同，但是都可以实现一个良好的代码可维护机制，读者可以根据自己的喜好来选择使用。在大多数情况下，代码中需要使用的常量通常不会很多，因此不会占用很多的存储资源。利用预定义和定义常量两种方法对整个代码进行编译后，资源占用率的差别几乎可以忽略不计。

8.2.2　宏定义 include

在设计一个功能简单的系统时，一个文件就可以容纳所有代码。然而，对于功能复杂的系统，将所有代码置于一个文件中会大大降低代码的可读性。此时，更明智的做法是将代码分散到多个文件中进行编辑和调试。同时，可以将一些预定义或通用函数的代码独立置于一个文件中。这时，我们需要利用#include 指令来将多个文件关联起来，以便系统能够正确地进行编译。

Arduino 之所以成为最受欢迎的开源硬件平台，一个重要原因在于其开发团队创建了大量传感器的驱动库和应用实例。Arduino 的开放性也吸引了许多开源硬件爱好者在官方或非官方社区中分享自己开发的驱动库和应用代码。这使得后来的开发者在构建传感器和执行器的系统时，无须从底层的驱动程序开始，而可以直接利用已有的开发成果。Arduino 的开放协议确保了这种利用的合法性，避免了法律纠纷，并规定使用他人成果的作品将继承其开放性，允许其他人进一步借鉴或直接使用其中的设计思想、电路和代码。这使得 Arduino 的开源特性得以不断延续，形成了一个庞大的 "Arduino 生态"。我们在利用前人开发的代码时，不应直接复制粘贴，这样既无法保证代码的完整性和安全性，又效率低下，同时也不尊重前人的劳动成果。正确的方式是使用#include 指令将他人的代码集成到自己的项目中，这一过程在术语中称为 "调用"。

例如，现在要开发一个使用 DHT11 读取环境温湿度的硬件系统，但是我们并不知道 DHT11 的一线总线的握手协议和驱动时序。没关系，我们可以调用前人开发好的 DHT11 驱动库，只需要采用以下语句来包含 DHT11 的库：

　　#include　<DHT.h>

8.2.3　查找和安装库

我们已经知道了如何调用库，现在的新问题是该调用什么库？

通常，一个合格的开发人员在给库起名字的时候，会直接以这个器件的全称或者缩写作为库的名字，或者在库的名字中包含这个器件的名称。因此，我们在搜索库时，以目标器件的名字作为关键字进行搜索即可。

从什么地方找库？一般来说有两种途径，第一种获取库的途径是从各种论坛或者网站上下载后自己安装。不过不建议初学者使用这种途径获取库，因为这样得到的库的质量无法保证。由于很多免费提供资源的 Arduino 爱好者并不是专业的硬件或者软件开发人员，他们的编程水平可能参差不齐。而且由于开发免费库是纯粹的义务劳动，Arduino 爱好者们往往只能利用空余时间编写开发库的代码，很可能代码没有经过充分的测试和验证，存在隐患。对于利用这种途径得到的代码，初学者可以将其作为学习素材，学习别人的代码风格和思路，去粗取精。

第二种获取库的途径是从 Arduino IDE 里面查找。能够在 Arduino IDE 中被搜索到的库，往往是官方人员开发的库，或是第三方人员开发但经过了有效性验证的库，或者是诞生时间比较长、已经使用和流传很久的库，它的有效性得到了时间的考验。不过即使是这样，也不能百分之百保证这些库没问题。当这些品质比较好的库被开发者发现有问题或者小瑕疵时，有责任心的开发者会更新版本来修正已经发现的问题。所以，当我们搜索到一个库时，如果它有多个版本，那么尽量选择最新的版本。

从 Arduino IDE 中搜索库的步骤如下。

(1) 在 Arduino IDE 菜单栏中，点击如图 8.4 所示的"工具→管理库"子菜单项。

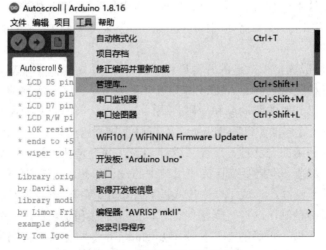

图 8.4　"管理库"子菜单项

(2) 在弹出的窗口中输入需要查找的库名。如果不知道完整的库名称，那么可以输入关键字来进行模糊查找，关键字搜索对大小写不敏感。例如，在本章中，我们要查找 DHT11 的库，所以输入 dht11 进行搜索。由于使用的是关键字搜索，所以搜索结果中可能会出现多个与 DHT11 相关的库。DHT11 库的查找结果如图 8.5 所示。此时，我们需要仔细阅读每个库的描述和说明，以便选择一个最合适的库。请注意，所有的库说明都是英文撰写的，因此建议大家在日常学习中加强英语的学习，特别是掌握一些与电子和编程相关的专业术语。

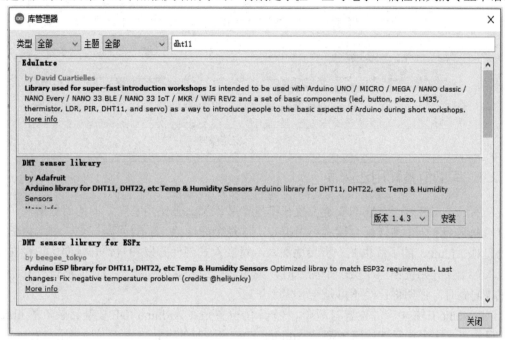

图 8.5　利用 dht11 关键字查找库的结果

(3) 选择 DHT sensor library 库，点击安装后，会弹出一个提示窗口，如图 8.6 所示。这个提示告诉我们，编写这个库的作者在编写代码时也调用了其他库，现在询问我们是否安装和 DHT sensor library 库相关联的库。选择"Install all"选项，将与 DHT sensor library 库有关联的库也一起安装。

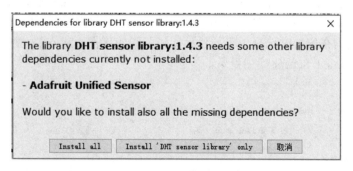

图 8.6　安装关联库提示

(4) 等待一段时间后，安装完成。此时，"管理库"窗口会显示 DHT sensor library 库已经安装成功，如图 8.7 所示。如果后续该库有更新的版本发布，或者之前安装的不是最新版本，那么系统会提示更新库的版本，读者可以根据自己的需要决定是否更新库的版本。

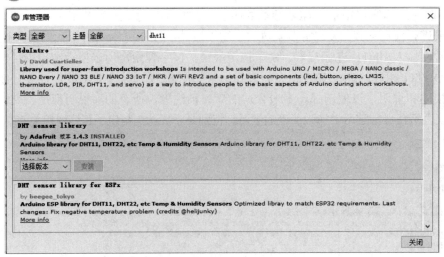

图 8.7　库安装成功

8.2.4　库的位置和用法解读

库已经安装好了，它的安装位置在哪里？又该怎么去使用它呢？旧的问题解决了，新的问题又一个一个地浮现。读者不用担心，这是个好现象。随着问题一个一个地被解决，我们对 Arduino 的了解也在一步步地深入，对嵌入式硬件开发和软件开发的认识也在不断深入。当你开始提出一个又一个问题时，说明你已经开始入门了。当你能够自己开始尝试解决问题时，说明你已经不再是一个生手了。

Arduino IDE 中库的位置有两个。一个库的位置是在 Arduino IDE 安装目录下的 libraries 子目录下。这个路径下的库中都是 Arduino IDE 安装时的默认内置库。如果用户对 Arduino IDE 的工作机制足够熟悉，那么可以直接将新的库文件拷贝到这个目录下，不需要经过 8.2.3 节中的一系列安装过程，然后重启一次 Arduino IDE 就可以完成一个新库的安装。另一个库的位置位于用户文档文件夹下，具体路径是"文档→Arduino→libraries"。利用 8.2.3 节中所描述的方法安装的库都会被放在这个库目录下。这个库目录用于存放用户后期添加的库。

当一个库安装成功后，首先可以到上述路径查看是否已出现新添加的库。从图 8.8 中可以看出，我们刚刚安装好的 DHT sensor library 库已经放在库目录中 DHT_sensor_library 目录下。因为我们在安装时选择了将与目标库相关联的库都一起安装，所以库目录中还出现了 Adafruit_Unified_Sensor 库的目录。

图 8.8　安装库后目录内容

现在我们已经知道了库的安装位置，并知道如何确认库真正安装成功。接下来，我们需要知道怎么使用库。下面我们介绍一个库的组成。

打开一个库文件的文件夹，如图 8.9 所示，里面有两个文件是在编译过程中起作用的，分别是一个以.h 为扩展名的头文件(.h 文件)和一个以.cpp 为扩展名的 C++源文件(.cpp 文件)。这两个文件中存放的是传感器或者其他硬件的驱动代码。对于一个有效的库来说，这两个文件是必不可少的。

名称	修改日期	类型	大小
examples	2021/10/26 4:00	文件夹	
code-of-conduct.md	2021/10/26 4:00	MD 文件	6 KB
CONTRIBUTING.md	2021/10/26 4:00	MD 文件	2 KB
DHT.cpp	2021/10/26 4:00	CPP 文件	12 KB
DHT.h	2021/10/26 4:00	H 文件	4 KB
DHT_U.cpp	2021/10/26 4:00	CPP 文件	7 KB
DHT_U.h	2021/10/26 4:00	H 文件	4 KB
keywords.txt	2021/10/26 4:00	文本文档	1 KB
library.properties	2021/10/26 4:00	PROPERTIES 文件	1 KB
license.txt	2021/10/26 4:00	文本文档	2 KB
README.md	2021/10/26 4:00	MD 文件	2 KB

图 8.9　库文件夹的内容

如果库的设计者比较注重库的推广和使用，那么他会在库中加上一个名为 examples 的文件夹。这个文件夹中存放的是基于当前库文件的一个或者多个简单应用实例。虽然这些应用实例的功能很简单，但是读者可以从代码中快速了解这个库的基本用法。如果库提供了示例，那么可以从 Arduino IDE 菜单栏的"文件→示例"子菜单项中找到对应的示例代码。查找库文件的示例如图 8.10 所示。

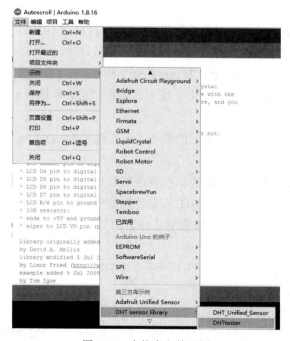

图 8.10　查找库文件示例

前面给读者介绍过，由于开源，第三方库的提供者们是没有回报的，所以我们不能对库的提供者要求更多。因此，有的库仅仅只包含 .cpp 文件和 .h 文件，没有示例；有的库即使有示例，这些示例也仅仅只能够展示库的最基本用法，不能展示库的所有功能。

那么如何对后来添加的库有一个比较全面的了解呢？最直观的方法就是阅读代码。库中的 .cpp 文件和 .h 文件是用 C++ 语言编写的，遵循 C/C++ 语言的语法规则。库通常采用类的形式来实现功能。但由于每个人编写代码的习惯不一样，有的开发者也会采用 C 语言的面向过程方式来编写功能函数。

在 C++/C 语言中，.cpp 文件包含了类中的每个成员函数或功能函数的实现代码。对于库的使用者来说，通常不需要深入了解这些实现细节。我们更关心的是库提供了哪些可供调用的功能函数，如何调用它们；以及哪些可以访问的成员变量，如何访问它们。因此，通常情况下，我们主要关注 .h 文件即可。

Arduino IDE 本身并不直接支持打开头文件(.h 文件)进行编辑，但读者可以使用自己喜好的文本编辑器来打开和查看这些文件。如果读者不想在电脑上安装过多的软件，那么使用系统自带的文本编辑器(如记事本)也可以打开 .h 文件。当然，从使用体验和专业性的角度考虑，笔者推荐读者使用像 UltraEdit 或 VSCode 这样的专业文本编辑器，它们提供了更丰富的功能和更好的编辑体验。

8.2.5　DHT 库的功能函数

Adafruit 公司开发的 DHT 库是一个很完善的库，在此我们要感谢 Adafruit 公司为广大 Arduino 爱好者和 Arduino 社区做出的无私奉献。下面介绍 DHT 库的实例化方法及其功能函数。

1. 实例化

DHT 库采用了 C++ 的面向对象编程思想，将 DHT11 等传感器封装成一个类。在调用该库的时候，只需将 DHT 这个类实例化为一个对象就行了。

在实例化对象时，有三个参数，即 pin(数据引脚号)、type(传感器类型)和 count(传感器号)。其中 count 仅用于记录机器号，并不影响函数的功能，所以我们在调用 DHT 库时仅需要设定前两个参数。

第一个参数 pin 用于指定 DHT11 的数据线连接到了 UNO 的哪一个引脚上，在初始化时指明引脚号。

第二个参数 type 用于指定连接的温湿度传感器是 DHT 系列传感器中的哪一个型号。DHT 系列传感器有多个型号，目前 DHT 库支持的型号有 DHT11、DHT12、DHT21、DHT22、AM2301。在设置参数 type 时，只需要将传感器的型号作为字符串输入即可，注意英文字母都要大写。

要使用 DHT 库，需要首先在代码中声明一个 DHT 对象的实例，并且完成参数配置，代码如下：

```
DHT Sensor1(8, DHT11);
```

在上述代码中，我们指定 UNO 的 8 号引脚与温湿度传感器的数据线相连，且湿温度传感器的型号为 DHT11。温湿度传感器的实例化名为 Sensor1。

2. 初始化函数 begin()

begin()函数用于设置与 DHT11 相连的引脚的工作模式以及传感器数据的读取间隔时序。如果没有特殊需要，则不建议另外设定参数，使用库默认的参数即可。

该函数的调用方法如下：

Sensor1.begin();

3. 读取温度函数 readTemperature()

读取温度函数 readTemperature(S=false, force=false)有两个参数，都设置有默认值。

第一个参数 S 用于设置读取的温度值是华氏温度还是摄氏温度，默认值是 false，函数返回值为摄氏温度。若 S 被人为设置为 true，则函数返回值为华氏温度。

第二个参数 force 用于设置是否强制读取当前温度值，默认值是 false，此时函数会等待传感器数据准备就绪后才执行读取操作。如果 force 参数被人为设置为 true，则函数直接执行读取操作。通常情况下，该参数都采用默认值。

该函数的调用方法如下：

Sensor1.readTemperature();　　　　//返回摄氏温度

Sensor1.readTemperature(true);　　　//返回华氏温度

4. 读取湿度函数 readHumidity()

读取湿度函数 readHumidity(bool force = false)只有一个参数，用于设置是否强制读取湿度值，默认值为 false，此时函数会等待传感器数据准备就绪后才执行读取操作。如果 bool force 参数被人为设置为 true，那么函数会直接读取传感器的湿度值，不做任何等待。该参数通常采用默认值。

该函数的调用方法如下：

Sensor1.readHumidity();

5. 摄氏温度转华氏温度函数 convertCtoF()

摄氏温度转华氏温度函数 convertCtoF()用于将某个摄氏温度值转换为华氏温度值，输入参数为摄氏温度值，数据类型为浮点数，返回值是对应的华氏温度的浮点数。例如，要计算 97.5℃等于多少华氏度(℉)，并且将结果存储在变量 tmpF 中，用以下命令：

tmpF = Sensor1.convertCtoF(97.5);

6. 华氏温度转摄氏温度函数 convertFtoC()

华氏温度转摄氏温度函数 convertFtoC()用于将某个华氏温度值转换为摄氏温度值，输入参数为华氏温度值，数据类型为浮点数，返回值是对应的摄氏温度的浮点数。例如，要计算 200℉等于多少摄氏度(℃)，并且将结果存储在变量 tmpC 中，用以下命令：

tmpC = Sensor1.convertFtoC(200);

7. 热指数函数 computeHeatIndex()

热指数，有时也被称为热感指数，是一个衡量在不同温度和湿度条件下，人对热的主观感受程度的指标。例如，在温度为 30℃、湿度为 5%的环境中，人不会觉得很热。但是在温度为 28℃、湿度为 95% 的环境中，人就会觉得非常热了。热指数方程就是根据温度和湿度来综合算出一个接近于人对环境的热的感觉程度。

通常情况下，热指数对应数值及区域如图 8.11 所示。图中，不同颜色区域代表了人体对环境的不同感觉和耐受程度。其中，亮黄色区域为"需要注意"区域，人体可能感觉较热，但不会出现危险。暗黄色区域为"需要极度注意"区域，在这样的环境中，人体会觉得酷热，长期处于这样的环境中，人体有可能出现轻度脱水和中暑的危险。棕黄色区域为"危险"区域，长期处于这样的环境中，人体必然会出现中暑甚至休克的危险。红色区域为"极度危险"区域，长期处于这样的环境中，人体会有生命危险。

相对湿度(%)	温度															
	80℉(27℃)	82℉(28℃)	84℉(29℃)	86℉(30℃)	88℉(31℃)	90℉(32℃)	92℉(33℃)	94℉(34℃)	96℉(36℃)	98℉(37℃)	100℉(38℃)	102℉(39℃)	104℉(40℃)	106℉(41℃)	108℉(42℃)	110℉(43℃)
40	80℉(27℃)	81℉(27℃)	83℉(28℃)	85℉(29℃)	88℉(31℃)	91℉(33℃)	94℉(34℃)	97℉(36℃)	101℉(38℃)	105℉(41℃)	109℉(43℃)	114℉(46℃)	119℉(48℃)	124℉(51℃)	130℉(54℃)	136℉(58℃)
45	80℉(27℃)	82℉(28℃)	84℉(29℃)	87℉(31℃)	89℉(32℃)	93℉(34℃)	96℉(36℃)	100℉(38℃)	104℉(40℃)	109℉(43℃)	114℉(46℃)	119℉(48℃)	124℉(51℃)	130℉(54℃)	137℉(58℃)	
50	81℉(27℃)	83℉(28℃)	85℉(29℃)	88℉(31℃)	91℉(33℃)	95℉(35℃)	99℉(37℃)	103℉(39℃)	108℉(42℃)	113℉(45℃)	118℉(48℃)	124℉(51℃)	131℉(55℃)	137℉(58℃)		
55	81℉(27℃)	84℉(29℃)	86℉(30℃)	89℉(32℃)	93℉(34℃)	97℉(36℃)	101℉(38℃)	106℉(41℃)	112℉(44℃)	117℉(47℃)	124℉(51℃)	130℉(54℃)	137℉(58℃)			
60	82℉(28℃)	84℉(29℃)	88℉(31℃)	91℉(33℃)	95℉(35℃)	100℉(38℃)	105℉(41℃)	110℉(43℃)	116℉(47℃)	123℉(51℃)	129℉(54℃)	137℉(58℃)				
65	82℉(28℃)	85℉(29℃)	89℉(32℃)	93℉(34℃)	98℉(37℃)	103℉(39℃)	108℉(42℃)	114℉(46℃)	121℉(49℃)	128℉(53℃)	126℉(58℃)					
70	83℉(28℃)	86℉(30℃)	90℉(32℃)	95℉(35℃)	100℉(38℃)	105℉(41℃)	112℉(44℃)	119℉(48℃)	126℉(52℃)	134℉(57℃)						
75	84℉(29℃)	88℉(31℃)	92℉(33℃)	97℉(36℃)	103℉(39℃)	109℉(43℃)	116℉(47℃)	124℉(51℃)	132℉(56℃)							
80	84℉(29℃)	89℉(32℃)	94℉(34℃)	100℉(38℃)	106℉(41℃)	113℉(45℃)	121℉(49℃)	129℉(54℃)								
85	85℉(29℃)	90℉(32℃)	96℉(36℃)	102℉(39℃)	110℉(43℃)	117℉(47℃)	126℉(52℃)	135℉(57℃)								
90	86℉(30℃)	91℉(33℃)	98℉(37℃)	105℉(41℃)	113℉(45℃)	122℉(50℃)	131℉(55℃)									
95	86℉(30℃)	93℉(34℃)	100℉(38℃)	108℉(42℃)	117℉(47℃)	127℉(53℃)										
100	87℉(31℃)	95℉(35℃)	103℉(39℃)	112℉(44℃)	121℉(49℃)	132℉(56℃)										

□ 需要注意　■ 需要极度注意　■ 危险　■ 极度危险

图 8.11　热指数对应数值及区域

图 8.11 只是一个比较粗略的参考性资料，在分析具体情况时，还需要综合考虑日照强度、风速以及具体人员的身体素质等因素。

热指数函数有两种用法。第一种用法是不输入参数，直接调用函数，得到的结果是根据当前温湿度传感器的温度和湿度检测结果计算出来的热指数，并且将结果存储在变量 htIndex 中，调用方式如下：

htIndex = Sensor1.computeHeatIndex();

第二种用法是给函数输入三个参数，可以计算任何一种情况下的热指数。其中，第一个参数是温度值，数据类型是浮点数；第二个参数是湿度值，数据类型也是浮点数；第三个参数用于指明温度值是华氏温度还是摄氏温度，数据类型是布尔类型。若第三个参数为true，则表示温度是华氏温度；若为 false，则表示温度是摄氏温度。

例如，要计算温度为 28℃、湿度为 95% 的环境中的热指数，并将结果存储在变量 htIndex 中，用以下指令：

htIndex = computeHeatIndex(28, 95, false);

8.3　电路连接和代码编写

8.3.1　电路连接

DHT11 与 UNO 的连接电路图如图 8.12 所示。在该图中，DHT11 的数据线连接 UNO 的 12 号数字引脚(即图中 UNO 的 D12 引脚)。同时由于 DHT11 的数据线采用双向单总线分时通信协议，需要上拉电路支持通信，所以接入了一个电阻值为 5 kΩ 的上拉电阻。读者如果由于某些原因没有采用分离器件来搭建电路，那么也可以购买 DHT11 模块，这些模块通常将电路图中的虚线框部分整合在一起。

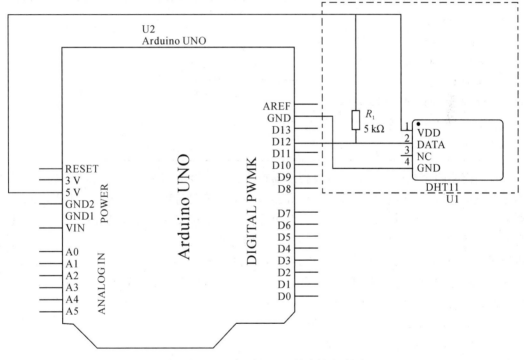

图 8.12　DHT11 与 UNO 的连接电路图

8.3.2　代码编写

DHT11 是一个具有温度检测、湿度检测和误差修正功能的数字传感器，在使用时需要对其进行一系列的配置和多次读写操作，才能够获得准确的温度值和湿度值。在"Arduino 生态"中，由于众多无私奉献的设计者将自己的库开源共享给大家使用，所以我们可以直接调用库中的函数来获得想要的结果，这样我们可以把精力集中在实现自己想要的应用功能上。

因为需要用到 DHT 库，所以先用以下语句把库调用进来：

#include <DHT.h>

为了增强代码的可读性和可维护性,采用预定义的方式来定义与 DHT11 的数据线相连接的 UNO 的引脚。这里,我们将数据线的端口名称定义为 dhtPin,根据前面电路中的连接情况,定义与 dhtPin 相连的 UNO 引脚为 12 号引脚,代码如下:

```
#define dhtPin 12
```

由于要用到 DHT11,根据前面的介绍,因此我们需要实例化一个 DHT 系列传感器的对象。对象的初始化函数的第一个参数是与数据线相连的引脚号,第二个参数是传感器的型号,代码如下:

```
DHT dht(dhtPin, DHT11);
```

准备好传感器对象后,需要对其进行初始化。而且由于后续的温湿度测量结果都需要通过串口显示在电脑的串口监视器上,因此串口也需要初始化。这需要在 setup()函数中加入如下代码:

```
void setup() {
    // put your setup code here, to run once:
    Serial.begin(9600);
    dht.begin();
    Serial.println("DHT11 initialed:");
    Serial.println("*******************");
}
```

我们需要两个变量来存储温湿度传感器检测到的温度值和湿度值,因此需要声明两个浮点型变量。这两个变量只在读取温度和湿度的检测值时有用,作用范围仅限于 loop()函数中。因此,关于变量的位置,可以有两个选择:一是在文件的开头部分将这两个变量声明为全局变量,这样可以在程序的任何地方使用这两个变量;二是在 loop()函数中声明这两个变量(称为局部变量),这样就只能在 loop()函数中使用这两个变量。在本章的示例中,笔者选择将这两个变量声明为全局变量。有兴趣的读者可以尝试将它们声明为局部变量的编码方式。两个变量的声明代码如下:

```
float hmData;          //湿度变量
float tmpData;         //温度变量
```

前面的准备工作已经做好了,接下来就是读取温度值和湿度值,并将这些数据输出到电脑端。由于湿度值指的是空气中水分含量的占比,因此我们在湿度值后面加上"%"。

实现上述功能的代码如下:

```
hmData = dht.readHumidity();           //读取湿度值
tmpData = dht.readTemperature();       //读取温度值
//输出湿度值
Serial.print("当前湿度值为: ");
Serial.print(hmData);
Serial.println("%");
//输出温度值
```

```
Serial.print("当前温度值为： ");
Serial.println(tmpData);
```

接下来，我们需要根据当前读取的温度值和湿度值计算出当前环境下的热指数，并根据图 8.11 中划分的区域给出相应的安全提示。

当热指数不大于 80 时，通常人体不会感觉任何不适，可以长期处于当前环境中，不需要特别关注。

当热指数大于 80 小于或等于 88 时，通常人体会感觉热和一定程度的不适，但是不会出现危险情况。因此在这种情况下，只需要提醒处在该环境中的人员及时补充水分和散热即可。

当热指数大于 88 小于或等于 101 时，人体就会感觉很热，如果长期处于这样的环境中可能导致中暑。在这种情况下，应该提醒处在该环境中的人员注意自身状态，出现不适时及时离开。

当热指数大于 101 小于或等于 124 时，环境极度恶劣，有可能会对人体造成损伤，甚至带来生命危险，应该建议处在该环境中的人员立即撤离。

当热指数大于 124 时，环境极度危险，人体在该环境中无法生存，必须以最快速度撤离。

为了防止串口监视器上的数据刷新过快，在每次读取温湿度数据并显示后，等待 5 s 再进行下一次操作。在绝大多数人类可以身处的环境中，温度在 5 s 内不会有显著变化，人类对恶劣环境的适应能力通常也能维持至少 5 s，所以 5 s 的时间间隔是合适的。

由于需要进行一次或者多次判断，因此需要用到前面章节中讲过的分支判断语句。实现上述功能的代码如下：

```
htIndex = dht.computeHeatIndex();          //读取当前环境下的热指数
if(htIndex <= 80){                         //安全区域
    Serial.print("当前热指数为： ");
    Serial.println(htIndex);
    Serial.println("当前环境较为凉爽，可以长期停留其中。");
}
else if(htIndex>80 && htIndex <= 88 ){     //环境偏热
    Serial.print("当前热指数为： ");
    Serial.println(htIndex);
    Serial.println("当前环境偏热，应注意通风和补充水分。");
}
else if(htIndex>88 && htIndex<=101){       //环境酷热
    Serial.print("当前热指数为： ");
    Serial.println(htIndex);
    Serial.println("当前环境酷热，应多补充水分，加强通风，防止直接日晒，不宜久待。");
}
else if(htIndex>101 && htIndex<=124){      //环境极热，容易中暑
```

```
Serial.print("当前热指数为：");

Serial.println(htIndex);

Serial.println("当前环境过热，久待会有中暑的危险，应注意通风散热，积极补充水分，完成工作
后尽快离开。");

}

else {                                    //热指数大于 124 时，环境过热，很危险

Serial.print("当前热指数为：");

Serial.println(htIndex);

Serial.println("当前环境过热，可能会导致人中暑、休克，甚至死亡，应尽快离开。");

}
```

注：整个设计的完整代码编号为 DHT11。

本 章 练 习

基于本章所给出的电路，设计一个测量温湿度和热指数的系统。当热指数不大于 80 时，输出相关信息，同时 L 灯熄灭。当热指数大于 80 小于或等于 88 时，输出相关信息，同时 L 灯长亮。当热指数大于 88 小于或等于 101 时，输出相关信息，L 灯以 1 s 的频率闪烁。当热指数大于 101 小于或等于 124 时，输出相关信息，L 灯以 0.5 s 的频率闪烁。当热指数大于 124 时，输出相关信息，L 灯以 0.25 s 的频率闪烁。每次信息刷新的间隔为 5 s (答案编号为 DHT11_1)。

第 9 章　实现蜂鸣器发声

在人类所获取到的外界信息中，大约有 80%的信息是以视觉的形式获取的。这是因为人类在进化过程中，已经适应了直立行走的生活方式，人在站立的时候，由于身高的优势，可以看得更远，更有利于发现潜在的威胁。但是，人类的感官有多种，获取外部信息的渠道也有多种。人类的第二大信息获取渠道是听觉。而且在遮挡物较多、环境复杂的情况下，通过声音传递信息往往比通过视觉传递信息更加有效。因为视觉观察会被遮挡物阻碍，但是声音往往能够轻易地绕开遮挡物。在传递比较重要的信息时，往往需要图像和声音相互配合，以更高效地传递信息。

在本章中，我们开始学习如何使用 UNO 发出各种美妙的声音。

9.1　元器件介绍

常见的发声器件都是通过调节电流的大小，引发薄膜的周期性振动来发出机械波的。当机械波的频率落在人类的听觉范围内，即 20 Hz～20 kHz 范围内时，发声器件就能发出人类可听见的声音了。

最常见的发声器件是喇叭，在电视机、电脑、音箱、手机等电器中都有它们的身影。喇叭的音域较广，发声时的声音比较贴近原声，但是其制作成本较高。不同材质和不同加工精度会导致喇叭的音质和失真度差异很大。优质的喇叭和普通的喇叭的价格差异非常显著。

在一些对音质要求不高，但是要求发声器件耐受恶劣环境的场合，或者在对产品价格有严格要求的应用场合，蜂鸣器是更好的选择。常见蜂鸣器的实物图如图 9.1 所示。

图 9.1　蜂鸣器的实物图

根据内部结构的不同，蜂鸣器可以分为有两种，即压电式蜂鸣器和电磁式蜂鸣器。压电式蜂鸣器内部集成了多谐振荡器和压电陶瓷片。在通电后，多谐振荡器发出固定频率的周期性信号，这些信号传递到压电陶瓷片的两端电极上，引发压电陶瓷片周期性地振动，进而发出声音。电磁式蜂鸣器的结构与喇叭的结构相似。这种蜂鸣器由电磁线圈、磁铁、振动膜片和振荡器组成。在工作时，振荡器发出周期性信号，这些信号通过电磁线圈，使电磁线圈周期性地产生磁性。电磁线圈的磁力与磁铁相互作用，驱动振动膜片开始振动，从而发出声音。

根据驱动方式的不同，蜂鸣器可以分为有源蜂鸣器和无源蜂鸣器两种。有源蜂鸣器的内部自带振荡器，所以外部只需要提供相应的工作电压就可以使其发出声音。也就是说，有源蜂鸣器所发出的声音的基频是固定的。有源蜂鸣器的电路图标如图 9.2 所示。无源蜂鸣器的内部没有振荡器，所以需要外部提供一定频率的高低电压信号，而且这个频率必须在人类的听觉范围内，这样才能使蜂鸣器发出声音。与有源蜂鸣器相比，无源蜂鸣器的灵活性较大一些，声音的变化也较大一些。但是由于其结构的局限性，无源蜂鸣器能够发出的声音音域较窄，音质也不太好。

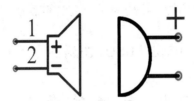

图 9.2　有源蜂鸣器的电路图标

无源蜂鸣器的电路图标如图 9.3 所示。在进行电路连接的时候一定要注意，无源蜂鸣器不分正、负极，可以随意连接。但是有源蜂鸣器是有正、负极之别的，连接时一定要小心。如果正、负极接反，则可能会导致蜂鸣器损坏甚至烧毁。

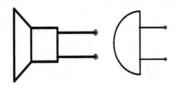

图 9.3　无源蜂鸣器的电路图标

新的蜂鸣器的发声孔上都会贴有一张贴纸，这张贴纸有三个作用：一是指明引脚的正极位置；二是降低蜂鸣器发出声音的强度，使得在调试过程中不会过于嘈杂；三是为发声孔遮挡灰尘，延长蜂鸣器的使用寿命。

9.2　相关知识介绍

9.2.1　tone()函数

1. tone()函数介绍

声音的音调由声音的振动频率决定。如果我们仅仅想用蜂鸣器发出声音作为警告提示，那么实现方案很简单：使用一个有源蜂鸣器，在需要发出警告时给蜂鸣器提供一个有效电平就行了。但是如果我们想要在蜂鸣器或者喇叭上播放一首曲子，那么就需要按照对应的音符来有序地发出声音了。

　　要使蜂鸣器发出与曲谱上相符的音符，关键是准确控制声音的振动频率。要使蜂鸣器按照曲谱上的对应节拍输出某个音，关键是控制这一个音符的发声长短。在其他型号的单片机中，可能需要针对这些功能编写一个专用的函数来实现音符和节拍的输出，但是在 UNO 中，内置的 tone()函数使得我们通过简单的调用，就可以实现准确的音符和节拍输出。

　　在调用 tone()函数时，有以下两种方式。

　　方式一：

```
tone(pin, frequency);
```

　　方式二：

```
tone(pin, frequency, duration);
```

　　利用第一种方式调用 tone()函数时只需要配置两个参数。第一个参数用于指定输出信号的引脚号，第二个参数用于设置输出音频信号的频率。当 tone()函数以这种方式被调用后，从指定的引脚就会输出与第二个参数相同频率的音频信号，信号的占空比为 50%。以第一种方式调用 tone()函数时，设定频率的信号会持续输出。除非调用 noTone(pin)函数，否则 tone()函数不会停止；或者在同一引脚上再次调用 tone()函数以输出其他频率的信号，前一次调用 tone()函数时所设定的频率会被改变，该引脚开始输出新的音频信号。

　　例如，要从 10 号引脚输出频率为 300 Hz 的音频信号，用以下语句：

```
tone(10, 300);
```

要从 10 号引脚输出频率为 400 Hz 的音频信号，并持续 3 s 后停止，可以用以下语句：

```
tone(10, 400);
delay(3000);
noTone(10);
```

要从 10 号引脚输出频率为 400 Hz 的音频信号，持续 3 s 后改为输出频率为 500 Hz 的音频信号，可以用以下语句：

```
tone(10, 400);
delay(3000);
tone(10, 500);
```

　　使用第二种方式调用 tone()函数时需要配置三个参数。前两个参数与第一种方式中的相同，同样是配置引脚号和输出的音频信号的频率。第三个参数用于设置输出信号的时间长度，参数的单位为 ms。

　　例如，要从 10 号引脚输出频率为 400 Hz 的音频信号，持续 3 s 后停止，除了用上述的语句组合，还可以用以下一条语句完成：

```
tone(10, 400, 3000);
```

　　要准确地调节振动频率和时长并不是一件很简单的事情。这需要准确地控制输出波形的周期以及波形的输出时间，还需要用到单片机里面的定时器。定时器资源是很有限的，所以需要占用定时器资源的 tone() 函数也受到一些其他函数所没有的限制。

2. tone()函数的限制

在 UNO 中，每次只能有效运行一个 tone()函数。如果针对同一个引脚多次调用 tone() 函数，那么后一个 tone() 函数开始运行时，前一个 tone() 函数自动停止。

例如，

```
tone(10, 400);
tone(10, 500);
```

执行以上两条语句后，我们实际能够听到的是频率为 500 Hz 的音频信号。第一条语句虽然也被执行了，但是由于运行时间过短，还没有输出完整的音频信号就被第二条语句运行时将频率从 400 Hz 改为 500 Hz，所以最终输出的是频率为 500 Hz 的音频信号。

那么假设另一种情况，如果先后调用 tone() 函数，使不同的引脚输出音频信号，又会得到什么样的结果呢？例如，

```
tone(10, 400);
tone(11, 500);
```

执行第一条语句后，从 10 号引脚开始输出频率为 400 Hz 的音频信号。这个时候第二条语句开始执行，由于定时器资源已经被第一条语句占用，因此第二条语句相当于一条无效语句，不会从 11 号引脚输出任何信号。

在调用 tone()函数时，如果系统同时也从 3 号引脚或者 11 号引脚输出 PWM 信号，那么可能会干扰 PWM 信号的输出。这同样是由于定时器资源被占用引起的。在嵌入式系统中，资源有限始终是个需要关注的问题。与在 PC 上编程不同，在嵌入式系统上编程时需要认真考虑资源的占用情况，合理分配资源。

另外，需要告诉各位读者的是，尽管理论上人类可以听到频率在 20 Hz～20 kHz 范围内的音频信号，但是 tone()函数能够发出的音频频率范围可能受到硬件和库函数的限制。目前版本的库函数无法产生频率低于 31 Hz 的音频信号。不过，在多数应用场景中，这个限制不会影响设计作品的实现，因为成年人通常无法听到频率接近 20 Hz 的声音。

9.2.2 noTone( )函数

noTone()函数的作用很简单，就是让正在输出音频信号的指定引脚停止输出音频信号。如果指定引脚当前没有输出音频信号，那么调用这个函数不会产生任何效果。noTone()函数的调用方式如下：

```
noTone(8);
```

9.2.3 曲调与音频

在一个固定曲调下，不同的音符分别对应着不同频率的振动发声表现。表 9.1 是不同曲调下的音符、频率对照表。读者在编制自己的曲调时，可以根据该表来设置每个音符的

频率。但是由于蜂鸣器的材质和结构不同，可能会对发声的准确性产生微小的影响，因此，对音准要求较高的读者，可以根据自己的听觉感觉对某个音符的频率做微小调整。

表 9.1　不同曲调下的音符、频率对照表

音符	A 调	B 调	C 调	D 调	E 调	F 调	G 调
1̣	221	248	131	147	165	175	196
2̣	248	278	147	165	175	196	221
3̣	278	294	165	175	196	221	234
4̣	294	330	175	196	221	234	262
5̣	330	371	196	221	248	262	294
6̣	371	416	221	248	278	294	330
7̣	416	467	248	278	312	330	371
1	441	495	262	294	330	350	393
2	495	556	294	330	350	393	441
3	556	624	330	350	393	441	495
4	589	661	350	393	441	495	556
5	661	742	393	441	495	556	624
6	742	833	441	495	556	624	661
7	833	935	495	556	624	661	742
1̇	882	990	525	589	661	700	786
2̇	990	1112	589	661	700	786	882
3̇	1112	1178	661	700	786	882	900
4̇	1178	1322	700	786	882	935	1049
5̇	1322	1484	786	882	990	1049	1178
6̇	1484	1665	882	990	1112	1178	1322
7̇	1665	1869	990	1112	1248	1322	1484

9.2.4　驱动能力

在很多电路设计过程中，我们经常会遇到需要使用固定电平驱动某个器件的情况，例如点亮 LED、让蜂鸣器发声，或者驱动电机转动等。仅仅输出一个高电平或者低电平并不足以完成驱动任务，还需要考虑驱动能力的问题。

如果被驱动器件是低电平使能的，那么需要考虑使能信号输出端的承受能力。例如，在如图 9.4 中所示的低电平驱动 LED 的电路中，如果将 UNO 的 9 号引脚连接到 LED 的负极，那么当 9 号引脚输出低电平时，电流会从电源流出，流经电阻、LED，最后流入 9 号引脚。因为 LED 的工作电流比较小，所以 9 号引脚能够承受这股电流。但是，如果以同样的方式驱动一个工作电流较大的器件(如电机)，那么 9 号引脚可能会因为承受过大的电流而受损。

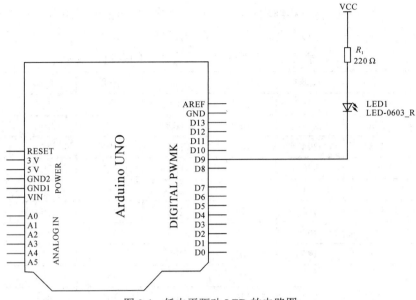

图 9.4　低电平驱动 LED 的电路图

如果被驱动器件是高电平使能的，那么需要考虑使能信号输出端的电流供给能力。例如，在如图 9.5 所示的高电压驱动 LED 的电路中，9 号引脚与 LED 的正极相连，当 9 号引脚输出高电平时，LED 点亮。因为 LED 点亮时需要的电流较小，所以一般的单片机都可以驱动 LED 发光。但是如果将 LED 换成电机或者电磁线圈等器件，那么驱动它们工作的电流就无法从控制芯片的引脚获取。这个时候，我们可以有三个选择。第一个选择是用一个专用的驱动芯片来给大电流器件单独供电，这需要针对所驱动器件的特性来选择合适的驱动芯片。第二个选择是利用三极管或者 MOS 管构建一个简单的单管放大电路作为开关驱动电路，为大电流器件提供工作电流。这需要电路设计者有一定的模拟电路知识，以正确计算出电路中的相关参数。第三个选择是直接采用集成了驱动电路的器件模块。

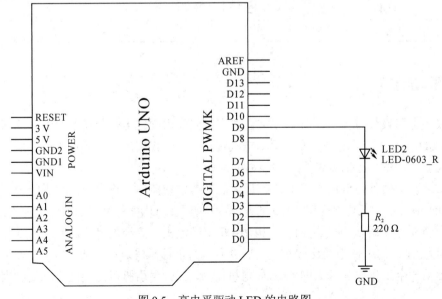

图 9.5　高电平驱动 LED 的电路图

在使用从未用过的新器件时，都要判断是否需要额外增加驱动电路。判断的依据是首先查看所用的控制芯片或者模块的手册，了解引脚的输入电流和输出电流的范围；然后根据所用新器件的手册，了解器件工作时所需要的工作电流以及峰值电流的大小；最后判断器件所需电流是否在控制芯片引脚的电流范围内，如果新器件的工作电流不在此电流范围内，那么必须增加驱动电路来为器件提供稳定的工作电流，否则可能会烧毁电路或控制芯片引脚。

9.2.5　数组

当需要存储一个可变的数据时，我们会声明一个变量，将其当作容器来存储这个数据。但是如果需要存储几百甚至几千个数据，那么一个个单独声明变量的方法不仅低效，而且容易出错。如果需要存储几万个数据，那么单独声明这么多变量几乎是不可能完成的任务。在数据类型相同的情况下，采用数组可以很容易地实现大量数据的存储。

数组的主要作用是存储大量类型相同的数据。所有的数据按照顺序存储在一个个单独的存储空间中。读者可以将数组想象成健身房或者购物超市中的储物柜，每一个储物柜都是用来存放相同类型的物品的。要区分不同的储物柜，我们可以通过储物柜上面的编号来识别，从而找到对应的柜子，取出或放入目标物品。在数组中，具体访问哪一个存储空间，是通过数组的下标来决定的。因此，如果需要一千个数据类型相同的变量，我们不需要为它们取一千个不同的名字，并努力记住它们，只需要记住一个数组的名字，然后用不同的下标来区分它们就可以了。

数组也是一种变量，所以它的命名规则与普通变量的命名规则相同。在声明数组时，数组名只能以下画线或者字母开头，从第二个字符起，可以是字母、数字或者下画线。与普通变量不同的是，数组名的后面要跟随一组方括号，以标明它是一个数组变量，从而与普通变量区分开来。

数组的声明方式有以下几种。

(1) 只声明存储单元的个数，并不在声明时向数组内部存储具体内容，只有在使用数组时才会写入内容。例如，

  int dataLine[10];

  ⋮

  dataLine[8] = 15;

  ⋮

  dataTmp = dataLine[8];

如上述语句所示，在声明 int 类型的数组变量 dataLine 时，仅仅指定了存储单元的个数为 10，并未向这 10 个存储单元中写入数据。直到需要使用具体单元时，如数组中第 9 个存储单元(即 8 号存储单元)时，才向该存储单元中存入数据 15。在这条语句之后，我们再次访问该存储单元，将其中的值读取出来并写入变量 dataTmp 中，此时变量 dataTmp 存储的数据就变成了 15。

Arduino 语言与 C 类语言类似，数组的下标编号从 0 开始。也就是说，如果声明数组 dataLine 有 10 个存储单元，那么它们的下标编号依次从 0 到 9。如果声明某个数组，其存储单元共有 n 个，那么它们的下标编号是从 0 到 $n-1$。

(2) 直接在声明时向数组中写入内容。在这种情况下，不需要在数组的方括号中填入数组的存储单元的个数，方括号内空着即可。由于数组中本来有存储数据，因此代码在编译时能够正确地计算出需要多少个存储单元。写入数组的内容放在花括号中，用逗号隔开，示例代码如下：

```
int dataLine[] = {11, 22, 33, 44, 55, 66};
```

在上面的代码中，声明了存有 6 个整数型数据的数组 dataLine，因此数组会自动分配 6 个存储单元来存储这 6 个整数，分别是 dataLine[0] = 11，dataLine[1] = 22，dataLine[2] = 33，dataLine[3] = 44，dataLine[4] = 55，dataLine[5] = 66。

(3)在声明数组变量时，既指明数组中存储单元的个数，同时也写入每个存储单元的具体内容，示例代码如下：

```
int dataLine[6] = {11, 22, 33, 44, 55, 66};
```

(4) 对于字符型数组，除了以上的通用方法，还可以将其作为一个字符串来处理。这样在对单个字符、多个字符和整个字符串操作时会方便得多。下面的两行代码是等效的：

```
char dataLine[6] = {h, e, l, l, o, !};
char dataLine[6] = "hello!";
```

9.3　电路连接、代码编写及解析

9.3.1　电路连接

UNO 可以直接驱动小功率的蜂鸣器。为了简化电路，我们在此采用蜂鸣器与 UNO 直接连接的方式来构建电路，电路连接图如图 9.6 所示。如果 UNO 需要连接功率比较大的蜂鸣器或者喇叭，那么需要外接驱动电路。

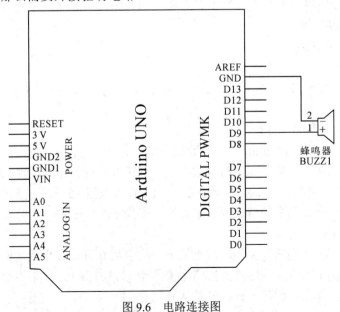

图 9.6　电路连接图

9.3.2　代码编写

由于 tone()函数是 Arduino 的内置函数，因此无须加载额外的库即可直接使用。在编写曲子时，我们首先需要确定曲目的旋律，并定义一个数组来存储对应的音符频率。以下是《小星星》旋律片段的一个示例代码：

int noteLine[] = {330, 330, 495, 495, 556, 556, 495, 0, 441, 441, 393, 393, 350, 350, 330, 0}; // E 调：11556650 44332210

除音符频率外，每个音符的持续时间(即节拍)也是构成音乐的重要元素。由于节拍的长度是相对的，没有固定的绝对值，因此我们可以根据需要自定义每个音符的节拍时长。在此，我们将 1 拍定义为 0.6 s(600 ms)，并创建了另一个数组来存储这些节拍时长：

int pulseLine[] = {600, 600, 600, 600, 600, 600, 600, 600, 600, 600, 600, 600, 600, 600, 600, 600};

请注意，为了确保每个音符都能正确对应其节拍时长，pulseLine 数组的长度必须与 noteLine 数组的长度保持一致。

由于曲子只在电路启动时播放一次，因此应将控制播放音符的代码置于 setup()函数内，代码如下：

```
void setup() {
    // put your setup code here, to run once:
    for(int a = 0; a<= 15; a++)
    {
        tone(9, noteLine[a], pulseLine[a]);
    }
}
```

读者可以将以上代码上传到 UNO 中，试听运行结果是否和我们预期的一样。如果你的蜂鸣器能够正确地播放这段音乐，那么可以尝试编辑一段更加复杂的曲子；如果不能，那么先停下来，思考一下问题可能出在哪里，然后再去验证自己的猜想是否正确。这样比一遇到问题就求助于书本或者网络要好得多，更加有助于提高自己的水平。

9.3.3　问题解析和解决

上述代码的实现逻辑是播放一段包含 16 个音符的音乐。为此，使用了一个 for 循环，从 0 循环到 15，总共执行 16 次。在每次循环中，调用 tone()函数来播放一个音符。通过顺序播放这 16 个音符，就能够组合成一段优美的曲调。

目前，主流的嵌入式系统的代码通常是顺序执行的，即一条语句执行完毕后才会执行下一条。因此，在思路上使用循环语句来顺序播放 16 个音符是合理的。每条语句执行时播放一个音符，16 条语句顺序执行就会依次播放 16 个音符。如果加上适当的时间间隔，就可以组合成一段乐曲。然而，实际的结果却与我们的预期相差甚远。

出现上述问题与 UNO 的主控芯片——AVR 系列 8 位单片机的运行机制有关。这款单片机由核心 CPU 和外围电路(如定时器、ADC、看门狗电路等)组成。通常情况下，一条语句的执行顺序是由 CPU 解析并执行的。如果 CPU 能够独立完成语句中的全部操作，那么它就会自行执行。然而，有些语句的执行需要外围电路的协同工作。也就是说，CPU 解析完语句后，会将相应的任务分配给外围电路来执行相应的操作。

可以这样比喻，主控芯片就像是一个小型的部门，而这个部门里只有一个员工，他既是员工也是部门领导，他的名字是 CPU。当上级部门给这个部门下达任务时，唯一的员工(CPU)必须独自完成所有任务。例如，上级部门可能会要求他首先打扫房间卫生，然后浇花，最后打印文件等。由于 CPU 分身乏术，他只能一件一件地按顺序完成这些任务。每完成一个任务，CPU 都会向上级部门报告，然后等待下一个任务的指示。

然而，有一天上级部门给 CPU 分配了一个特殊的任务——为了增添节日氛围，让他在广场上唱三个小时的陕北信天游。CPU 犯难了，因为他不会唱歌。这时，他突然想起部门里还有一个临时工，这个临时工只会数节拍和唱歌，平时默默无闻。对于大多数任务，CPU 都亲力亲为，但对于这次唱歌的任务，他决定当一回领导，将任务分配给了擅长唱歌的临时工。然后，CPU 就向上级部门报告任务已经完成。通常情况下，这种做法是没有问题的，因为临时工是个认真负责的人，只要接受了任务，就会认真地唱三个小时的信天游，不会偷懒。

上级部门非常忙碌，他们只关心任务分配给了谁以及任务是否完成。至于任务是如何完成的、调动了多少资源、需要多长时间等细节，他们并不关心。因此，当上级部门收到 CPU 的反馈说信天游演唱任务已完成时，他们便认为此事已了结。然而，真的结束了吗？并非如此。实际上，需要等到那个临时工兢兢业业地唱满三个小时后，任务才算真正结束。在这三个小时里，上级部门可能误以为 CPU 已经空闲，进而继续为他分配新的任务。如果分配的是一些常规任务，如浇花、打扫卫生等，那么 CPU 自然能够一如既往地认真完成。整个流程会像平常一样，有条不紊地推进。

不过，今天上级部门下达的任务有些特殊。考虑到信天游更受北方地区听众的喜爱，而南方地区的听众可能不那么热衷，他们决定让 CPU 接下来唱三个小时的黄梅戏。CPU 接到任务后，像处理前一个任务一样，将任务转交给临时工，并指示他立即开始演唱黄梅戏。同时，CPU 向上级部门回复，称黄梅戏演唱任务已经完成。

这时，临时工就陷入了困境。虽然他也能唱黄梅戏，但前面的信天游还未唱完，又要求他立即开始唱黄梅戏。他不得不中断信天游的演唱，转而唱起黄梅戏。如果类似的情况频繁发生，那么他可能会陷入混乱，一会儿唱信天游，一会儿唱黄梅戏，再一会儿唱京剧，最终导致什么都唱不好。

我们编写的代码也面临着类似的问题。每当 tone() 函数被调用时，它会启动定时器模块来输出音频信号。一旦定时器模块启动，CPU 便认为 tone() 函数的执行已经结束，因为后续的音频输出动作由定时器模块自动完成，CPU 无须再关注。这样，CPU 可以转而执行其他指令，从而提高整个系统的运行效率。然而，如果紧接着又调用 tone() 函数，那么定时器模块可能会被重置，导致前一个 tone() 函数的音频输出还未完成就被新的音频输出所取代，因为代码执行速度非常快。

能否妥善解决这个问题，让代码能够正常地发出声音呢？实际上，确实存在一种解决方案。然而，要解决这个问题，我们需要深入到相关库的底层代码中，对 tone() 函数的语义解析部分进行修改和完善。但遗憾的是，在目前笔者所使用的这个 Arduino 版本中，这个问题还没有得到官方的修正。因此，为了解决这个问题，笔者会在接下来的部分提供一段修正代码。这段代码的目的是确保每次调用 tone()函数时，都能等待上一个音频播放完毕后再进行下一个音频的播放。如果读者使用的是更新后的 Arduino 版本，并且发现原有的代码已经可以正确地播放音乐，那么就说明 Arduino 官方已经针对这个问题进行了修正。在这种情况下，读者就可以放心地使用官方提供的库函数，而无须再采用笔者提供的修正代码了。

已知问题原因后，解决方案就呼之欲出了。我们需要在每次调用 tone()函数后，确保等待足够长的时间，以使该次调用能够完整播放指定的音符。由于每个音符的节拍不同，播放时长也各不相同，因此在等待时，我们可以利用一个存储节拍时长的数组 pulseLine[a]来控制每个音符播放时的等待时长。这样，我们就能确保前一个音符播放完毕后再开始播放下一个音符，从而解决代码无法正常发出声音的问题。实现上述功能的完整代码如下：

```
void setup() {
    // put your setup code here, to run once:
    for(int a = 0; a<=15; a++)
    {
        tone(9, noteLine[a], pulseLine[a]);
        delay(pulseLine[a]);
    }
}
```

将上述代码上传到 UNO 中，听听输出的结果怎么样？现在已经可以听到一连串的声音了，但是与我们期望的节奏清晰的乐曲相比，还有一点点差别，问题出在哪里？还是时间控制方面。在演奏乐器时，每相邻两个音符之间会有一个很短暂的停顿。因此，我们可以在每个音符播放完毕后额外添加一个 0.1 s 的延时，在这 0.1 s 内，蜂鸣器是不发声的。

实现上述功能的完整代码如下：

```
//E 调：11556650 44332210
int noteLine[] = {330,330,495,495,556,556,495, 0, 441,441,393,393,350,350,330,0};
int pulseLine[] = {600, 600, 600, 600, 600, 600, 600,600, 600, 600, 600, 600, 600, 600, 600,600};
void setup() {
    // put your setup code here, to run once:
    for(int a = 0; a<=15; a++)
    {
        tone(9, noteLine[a],pulseLine[a]);
        delay(pulseLine[a]);
        delay(100);
    }
}
```

```
void loop() {
    // put your main code here, to run repeatedly:
}
```

注： 上述代码的编号为 tone_1。

本 章 练 习

1. 使用无源蜂鸣器或者喇叭播放一段曲子。但是只使用 tone()函数的两参数调用方式，即不在 tone()函数中指定播放时间。注：蜂鸣器或者喇叭的正极接 UNO 的 9 号引脚(答案编号为 tone_2)。

2. 使用有源蜂鸣器发出长鸣的警报声，有源蜂鸣器的正极接 UNO 的 9 号引脚，负极接地。如果采用的是有源蜂鸣器模块，则假设该模块采用高电平触发模式(答案编号为 polar_buz)。

第 10 章　实现 LCD1602 液晶屏显示

如前所述，人类在搜集外界信息时，主要依靠眼睛来获取。到目前为止，视觉信息传递的信息量是最大，速度也是最快的。但是前面介绍的 LED 能够表示的信息量过少，如果要传递比较复杂的信息，那么需要大量的 LED 来构成阵列。LED 阵列的制造成本和使用成本都相对较高。与 LED 阵列相比，LCD 液晶屏的性价比更高。在本章中，我们开始介绍一种存在已久、在世界各国得到广泛应用且价格相对较低的液晶显示器件——LCD1602 液晶屏。

10.1　器 件 介 绍

LCD1602 液晶屏是一种广泛使用的字符型液晶显示模块，它是以字符为单位接收和显示信息的，在后文中，我们将其简称为 LCD1602。当主控端向 LCD1602 发送一个字符的编码和显示位置后，LCD1602 会根据编码在其自身的字库里寻找对应的字符，并将其显示在相应的位置。也就是说，LCD1602 只能显示其字库里已有的字符。如果主控端想让它显示字库里没有的内容，那么它就无能为力了。

标准版 LCD1602 的工作电压是 5 V。目前，市场上存在一些魔改版 LCD1602，其工作电压是 3.3 V。读者在使用的时候一定注意区分。错误的供电电压可能导致液晶屏无法正常工作，甚至有可能会烧毁液晶屏。市面上常见的 LCD1602 的实物如图 10.1 所示。

图 10.1　LCD1602 的实物图

10.1.1　字库与存储器

LCD1602 的显示芯片采用的是日立公司的 HD44780，因此 LCD1602 的字库包含了所有英文字母的大小写、阿拉伯数字、常见的通用符号以及日文的片假名。

经过多年的发展，现今常见的 LCD1602 有多种变种，但它们的基本功能都一样。LCD1602 的字库中存有 192 个常用字符，这些字符存储在 CGROM 存储器中。CGROM 存储器是非易失性存储器，也就是说，整个器件断电后再通电，CGROM 存储器里存储的内容也不会丢失。

考虑到用户可能需要使用字库中没有的符号、文字或者图案，LCD1602 中另外留有 8 个空间，允许用户自定义 8 个单字符或者 4 个双字符的特殊字符。这些自定义字符存储在 CGRAM 存储器中，使用前需要预先编程写入。但是，CGRAM 存储器是易失性存储器，因此，整个器件断电后，CGRAM 存储器中存储的内容就会被清空。

LCD1602 的字库如表 10.1 所示。当设计人员需要在 LCD1602 的屏幕上显示某一个字符时，只需要向 LCD1602 提供该字符在字库中对应的编码就可以了。例如，要在某个地址显示大写字母 A，只需要向对应的地址空间发送十六进制数 41H 就可以了；要在某个地址显示大写字母 X，只需要向对应的地址空间发送十六进制数 58H 就可以了。

表 10.1　LCD1602 的字库

b3～b0	b7～b4												
	0000	0010	0011	0100	0101	0110	0111	1010	1011	1100	1101	1110	1111
0000	CGRAM(1)		0	@	P	`	p		―	タ	ミ	α	p
0001	(2)	!	1	A	Q	a	q	。	ア	チ	ム	ä	q
0010	(3)	"	2	B	R	b	r	「	イ	ツ	メ	β	θ
0011	(4)	#	3	C	S	c	s	」	ウ	テ	モ	ε	∞
0100	(5)	$	4	D	T	d	t	、	エ	ト	ヤ	μ	Ω
0101	(6)	%	5	E	U	e	u	・	オ	ナ	ユ	σ	ü
0110	(7)	&	6	F	V	f	v	ヲ	カ	ニ	ヨ	ρ	Σ
0111	CGRAM(8)	'	7	G	W	g	w	ア	キ	ヌ	ラ	g	π
1000	CGRAM(1)	(	8	H	X	h	x	イ	ク	ネ	リ	√	x
1001	(2)	)	9	I	Y	i	y	ゥ	ケ	ノ	ル	ｲ	y
1010	(3)	*	:	J	Z	j	z	エ	コ	ハ	レ	j	千
1011	(4)	+	;	K	[	k	{	ォ	サ	ヒ	ロ	×	万
1100	(5)	,	<	L	¥	l			ャ	シ	フ	ワ	¢	円
1101	(6)	-	=	M	]	m	}	ュ	ス	ヘ	ン	｣	÷
1110	(7)	.	>	N	^	n	→	ョ	セ	ホ	゛	ñ	
1111	CGRAM(8)	/	?	O	_	o	←	ッ	ソ	マ	゜	ö	█

10.1.2　LCD1602 的引脚

LCD1602 的标准版本有两种。一种版本的引脚数量是 14 个，这种版本不带背光板，因此只能在光线比较充足的环境中使用。另一种版本的引脚数量是 16 个，多出来的两个引脚用于向背光板供电，因此这种版本可以在黑暗环境中使用。LCD1602 的引脚及其功能如表 10.2。

表 10.2   LCD1602 的引脚及其功能

引脚号	引脚名	电平	输入/输出	功能 描 述
1	VSS	—	—	电源地(0 V)
2	VCC	—	—	电源(+5 V)
3	VO	—		对比度调节电压
4	RS	0/1	输入	0: 输入指令； 1: 输入数据
5	R/W	0/1	输入	0: 向 LCD1602 中写入指令或者数据； 1: 从 LCD1602 中读取信息
6	EN	1/1->0	输入	使能信号为 1 时读取信息，从 1 向 0 跳变时执行指令
7	DB0	0/1	输入/输出	数据总线第 0 位
8	DB1	0/1	输入/输出	数据总线第 1 位
9	DB2	0/1	输入/输出	数据总线第 2 位
10	DB3	0/1	输入/输出	数据总线第 3 位
11	DB4	0/1	输入/输出	数据总线第 4 位
12	DB5	0/1	输入/输出	数据总线第 5 位
13	DB6	0/1	输入/输出	数据总线第 6 位
14	DB7	0/1	输入/输出	数据总线第 7 位
15	BLA	VCC	—	LCD1602 背光电源正极
16	BLK	GND	—	LCD1602 背光电源负极

10.1.3   显示字符 DDRAM 存储空间

标准版 LCD1602 能够在屏幕上显示两行字符，每一行最多可以显示 16 个字符，这也是它的名字中"1602"的由来。实际上，LCD1602 也可以配置为每一行显示 20 个字符，不过使用效果不佳，基本上没有人那样用。

当我们想要在屏幕上显示一段有意义的文本时，就需要按照特定的顺序，将不同的字符放置在屏幕上的对应位置。对计算机的工作原理有一定了解的读者可以想到，只需要将屏幕上的每个位置与具体的存储单元一一对应就可以了。对于 LCD1602 来说，如果其屏幕总共只能显示 32 个字符，那么就给它 32 个存储空间，只需要在对应的存储空间中存入需要显示的字符编码，就可以在屏幕上显示出对应的字符。

LCD1602 的设计者也的确是这样想的，他们给出了两组存储空间，分别对应 LCD1602 的屏幕的第一行和第二行的显示位置。但是这两组存储空间的个数并不是 16 个，而是 40 个。也就是说，总共有 80 个存储空间，每行有 40 个。LCD1602 的显示位地址列表如表 10.3 所示。

表 10.3　LCD1602 的显示位地址对照表

显示位置	1	2	3	4	5	6	7	…	40
第一行	00H	01H	02H	03H	04H	05H	06H	…	27H
第二行	40H	41H	42H	43H	44H	45H	46H	…	67H

屏幕每一行的显示位置只有 16 个，而每一行对应的存储空间有 40 个。也就是说，如果我们向存储空间中写入了 40 个字符的编码，那么也只有前 16 个可以显示出来。剩下的 24 个存储空间的作用是什么呢？

这些存储空间的存在是有意义的，设计者不会白白浪费这些存储空间。由于 LCD1602 的工作频率很低，晶振的驱动频率只有 270 kHz，字符的刷新还要晶振频率经过几次分频后实现，因此更慢。要在屏幕上显示一个字符，需要先写入指令，再向对应的存储空间中送入数据，执行效率很低。如果字符仅仅是静态显示，那么人类的反应速度察觉不出来这个写入过程。如果要实现一些比较生动的文字效果，例如滚动显示、左右飞入等，那么每次都通过外部的主控端以重新写入显示内容的方式实现，就需要主控端写入大量的指令和数据。这不仅浪费了主控端的代码空间和运行时间，而且屏幕上还有可能出现肉眼可见的闪烁，让人感到不适。在这种情况下，可以先向存储空间中写入需要滚动的内容，然后用指令控制它们进行切换，这样显示效果会更好。

10.1.4　LCD1602 的指令

LCD1602 共有 11 条指令，各条指令的功能如下。在下面各条指令对应的表中，第一行为指令输入时各个引脚的名称，第二行为每个引脚在输入对应指令时每一位的值，简称为位值。

1. 清屏指令

这条指令的功能是清屏。在执行时，它会将 80 个 DDRAM 存储空间中的内容全部写入十六进制数 20 H。20 H 这个编码对应字库中的空白符，因此 LCD1602 屏幕上的所有内容都会变成空白。同时它会将屏幕上的光标归位到屏幕的左上方，即第一行的第一个字符位置。而且它还会将地址计数器 AC 的值复位为 0。此后，当 LCD1602 再执行顺序写入操作时，其将从第一个字符位置开始写入新的内容。这条指令的执行时间为 1.64 ms。清屏指令码如表 10.4。

表 10.4　清 屏 指 令 码

引脚	RS	R/W	DB7	DB6	DB5	DB4	DB3	DB2	DB1	DB0
位值	0	0	0	0	0	0	0	0	0	1

2. 光标归位指令

这条指令的功能是把屏幕上的光标移动到屏幕的左上方，即第一行的第一个字符位置。同时它会把地址计数器 AC 的值复位为 0。但是与清屏指令不同，光标归位指令不会修改 DDRAM 存储空间中的内容，所以屏幕上原本显示的内容不会发生变化。这条指令的执行时间为 1.64 ms。光标归位指令码如表 10.5 所示。

表 10.5　光标归位指令码

引脚	RS	R/W	DB7	DB6	DB5	DB4	DB3	DB2	DB1	DB0
位值	0	0	0	0	0	0	0	0	1	X

3. 模式设置指令

这条指令的功能是设置每次写入新的数据后光标的移动方向以及屏幕中内容的显示模式。这条指令的执行时间是 40 μs。模式设置指令码如表 10.6 所示。当 I/D 位的值设置为 0 时，写入新数据后光标左移；当该位的值设置为 1 时，写入新数据后光标右移。当 S 位的值设置为 0 时，写入新数据后屏幕中内容保持不变；当该位的值设置为 1 时，写入新数据后屏幕中内容右移一个字符单位。

表 10.6　模式设置指令码

引脚	RS	R/W	DB7	DB6	DB5	DB4	DB3	DB2	DB1	DB0
位值	0	0	0	0	0	0	0	1	I/D	S

4. 显示开关指令

这条指令的功能是控制屏幕的显示状态以及光标的显示和闪烁效果。这条指令的执行时间是 40 μs。显示开关指令码如表 10.7 所示。当 D 位的值(即 DB2 引脚输入值)设置为 0 时，显示功能关闭；当 D 位的值设置为 1 时，显示功能打开。当 C 位的值(即 DB1 引脚输入值)设置为 0 时，屏幕上不显示光标；当该位的值设置为 1 时，屏幕上显示光标。当 B 位的值(即 DB0 引脚输入值)设置为 0 时，光标闪烁；当该位的值设置为 1 时，光标不闪烁。

表 10.7　显示开关指令码

引脚	RS	R/W	DB7	DB6	DB5	DB4	DB3	DB2	DB1	DB0
位值	0	0	0	0	0	0	1	D	C	B

5. 屏幕或光标移动方向设置指令

这条指令与模式设置指令有些类似，其主要功能是在不输入新数据的情况下控制屏幕中内容或光标的移动。这条指令的执行时间是 40 μs。

屏幕或光标移动方向设置指令码如表 10.8 所示。其中，S/C 位用来选择移动的是光标还是屏幕中的所有内容，当该位的值(即 DB3 引脚输入值)设置为 0 时，选择移动的是光标；当该位的值设置为 1 时，选择移动的是屏幕上的所有内容。R/L 位用来控制左移或者右移，当该位的值(即 DB2 引脚输入值)设置为 0 时，左移；该位的值设置为 1 时，右移。DB1 和 DB0 两位为无效位，无论将它们设置为任何值，都不会影响该指令的执行。

表 10.8　屏幕或光标移动设置指令码

引脚	RS	R/W	DB7	DB6	DB5	DB4	DB3	DB2	DB1	DB0
位值	0	0	0	0	0	0	S/C	R/L	X	X

因此，当使用这条指令时，利用 S/C 和 R/L 位值的不同组合，可以实现不同的显示效果，具体如下。

(1) 当 S/C = 0，R/L = 0 时，光标左移一位，同时地址计数器 AC 的值减 1。

(2) 当 S/C = 0，R/L = 1 时，光标右移一位，同时地址计数器 AC 的值加 1。

(3) 当 S/C = 1，R/L = 0 时，屏幕上所有显示内容左移一位，光标的位置不变，地址计数器 AC 的值也不变。

(4) 当 S/C = 1，R/L = 1 时，屏幕上所有显示内容右移一位，光标的位置不变，地址计数器 AC 的值也不变。

6. 功能设置指令

这条指令非常有用，其执行时间是 40 μs。无论在任何控制系统中，主控芯片的引脚资源都是很宝贵的。LCD1602 有 8 个数据引脚，再加上 EN、RS 和 R/W 三个控制引脚，共需要占用 11 个主控端的引脚，这对于任何一个型号的 MCU 来说都是一个不小的负担。如何节省引脚资源是一个值得思考的问题。这条指令为我们提供了一个有效的解决方案。

功能设置指令码如表 10.9 所示。

表 10.9　功能设置指令码

引脚	RS	R/W	DB7	DB6	DB5	DB4	DB3	DB2	DB1	DB0
位值	0	0	0	0	1	DL	N	F	X	X

LCD1602 的每个字符数据是一个字节，也就是 8 位二进制数，所以它的数据引脚总共有 8 个，可以一次写入一个字节的数据。同时，它也提供了另外一种数据写入方式，采用这种方式时主控端只需要占用 4 个数据引脚。采用这种方式时，一个字符的数据需要分两次写入，因此，数据的写入速度比采用 8 个数据引脚方式时的写入速度慢了一倍，但是可以节省控制端(例如 Arduino)的 4 个引脚。这就是工程设计中常见的用速度来换取硬件资源的策略。

在这条指令中，当 DL 位的值设置为 0 时，LCD1602 的数据线位宽为 8 位，数据引脚从高到低分别为 DB7～DB0；当该位的值设置为 1 时，LCD1602 的数据线位宽为 4 位，数据引脚从高到低分别为 DB7～DB4。此时数据引脚 DB3～DB0 闲置不用。

N 位为显示行数设定位。当 N 位的值设置为 0 时，屏幕上只显示一行字符；当该位的值设置为 1 时，屏幕上可以显示两行字符。在绝大多数情况下，用户在使用时都会把这一位的值设置成 1。

F 位为字符显示设置位。LCD1602 是字符型的显示器件，但是它所能够显示的每一个字符依然是由像素点阵构成的。当 F 位的值设置为 0 时，屏幕上用 5×7 的像素点阵显示一个字符；当该位的值设置为 1 时，屏幕上用 5×10 的像素点阵显示一个字符。

7. CGRAM 设置指令

这条指令的作用是与数据写入指令配合，用来写入自定义的字符。这条指令的执行时间是 40 μs。CGRAM 设置指令码如表 10.10 所示。

表 10.10　CGRAM 设置指令码

引脚	RS	R/W	DB7	DB6	DB5	DB4	DB3	DB2	DB1	DB0
位值	0	0	0	1	C2	C1	C0	L2	L1	L0

我们在前面已经说过，LCD1602 允许用户自定义 8 个单字符或者 4 个双字符。这是因为 LCD1602 的主控芯片中预留了 8 个可以自定义的字符存储空间。这 8 个字符存储单元的地址空间编码为 00000000～00000111，对应字库(表 10.1)中高位地址为 0000 的那一列。因为只预留了 8 个自定义字符空间，所以只需要 3 位二进制数就可以实现寻址。

在向自定义字符空间中写入具体的字符时，只需要在 C2、C1、C0 三位中写入具体的地址，就可以将自定义字符存入对应的空间中。例如，如果要将中文字符"中"写入自定义字符空间的第一个单元，那么应该在 C2、C1、C0 位中写入 000；如果要写入自定义字符空间的第四个单元，那么应该在 C2、C1、C0 位中写入 011。

那么 L2、L1、L0 三位又是用来干什么的呢？它们和字符的显示机制有关。任何字符在屏幕上的显示都是通过点阵中多个像素点的明暗来实现的。在 LCD1602 中，每个字符有 5×8 和 5×10 两种显示模式，但是实际上 LCD1602 中已经定义好的每个字符的有效显示点阵都是 5×8 的。如果要向 LCD1602 中添加自定义字符，且采用 5×8 的点阵来存储一个字符，那么最多可以存储 8 个自定义字符。但是如果要定义一些比较复杂的文字(比如中文)或者图案，那么 5×8 的点阵可能不够用，这个时候只能将两个存储空间合为一个来使用，即定义 5×10 的点阵，但这样只能定义 4 个自定义字符。

向自定义字符空间中写入字符，实质上就是定义点阵中每个点的亮暗状态。由于点阵是 5 列 8 行的，而 LCD1602 能够写入的数据最多只有 8 位，所以设计者将点阵的写入机制设计为每次写入一行数据，一个字符需分八次写完。那么每次到底写入哪一行的数据，就由 L2、L1、L0 三位决定。

例如，若要向一个自定义字符空间中写入一个"中"字(采用 5×8 的点阵显示)，那么我们需要按表 10.11 中所示的内容，分八次向 LCD1602 写入每行的数据。

表 10.11　"中"字的自定义字符数据表

行　　号	数　　据
000	00100
001	00100
010	11111
011	10101
100	11111
101	00100
110	00100
111	00100

8. DDRAM 地址设置指令

这条指令用来设置指向 DDRAM 存储空间的地址。这条指令的执行时间是 40 μs。在这条语句后面紧跟数据写入指令，以向对应地址的存储空间中写入要显示字符的编码；或者在其后紧跟数据读取指令，以读取对应地址中的内容。因为 DDRAM 总共只有 80 个存储单元，所以只需要 7 位二进制数就可以表示($2^7 = 128 > 80$)。因此，在这条指令中，将 DB7 位设置为 1，而剩下的 7 位数据位用来表示地址编码。DDRAM 地址设置指令码如表 10.12 所示。

表 10.12　DDRAM 地址设置指令码

引脚	RS	R/W	DB7	DB6	DB5	DB4	DB3	DB2	DB1	DB0
位值	0	0	1	X6	X5	X4	X3	X2	X1	X0

9. 读取忙信号和地址计数器 AC 指令

在前面部分已经介绍过，LCD1602 的速度相对较低，而现在的 MCU 芯片更新换代迅速，其速度和性能有了显著提升。因此，控制端与 LCD1602 之间的速度差异已经相当明显。如果主控芯片要在 LCD1602 的屏幕上显示一行字符，那么最有可能的操作是连续向 LCD1602 写入数据。但是由于 LCD1602 的反应速度较慢，当第一个字符还没有完成写入时，第二个字符可能就已经开始传输了，这就有可能导致数据写入错误。与之相似的还有数据读取错误等。总之，如果主控芯片连续对 LCD1602 进行读写数据或者发送指令等操作，那么可能出现问题。

那么怎样才能避免出问题呢？常见的方法有两种。第一种方法是在发出前一个操作后，等待足够长的时间，然后再发出第二个操作，确保 LCD1602 有足够的时间去完成前一个操作。第二种方法是在发出第一个操作后，多次查询 LCD1602 的工作状态，直到确认它已经完成了前一个操作并且处于空闲状态，再发出第二个操作。读取忙信号和地址计数器 AC 指令码如表 10.13 所示。

表 10.13　读取忙信号和地址计数器 AC 指令码

引脚	RS	R/W	DB7	DB6	DB5	DB4	DB3	DB2	DB1	DB0
位值	0	1	BF	地址计数器 AC 的内容						

本条指令的功能之一是读取 LCD1602 的工作状态。执行这条指令后，LCD1602 中忙标志位(BF)的内容被读取到数据引脚 DB7 中。若 BF 位的值为 1，则表示 LCD1602 处于忙状态，这说明上一个操作还没执行完成；若 BF 位的值为 0，则表示 LCD1602 处于空闲状态，此时可以接受下一条指令。本条指令的功能之二是读取地址计数器 AC 的内容，并将该内容反馈到数据引脚 DB6~DB0 上。

这条指令的执行时间是 40 μs。

10. 数据写入指令

这条指令用于向 DDRAM 或者 CGRAM 存储空间中写入数据。它紧跟在"CGRAM 设置指令"或者"DDRAM 地址设置指令"后面，在前一条指令指定了要写入的地址空间后，本条指令用于将数据写入对应的空间中。这条指令的执行时间是 40 μs。数据写入指令码如表 10.14 所示。

表 10.14　数据写入指令码

引脚	RS	R/W	DB7	DB6	DB5	DB4	DB3	DB2	DB1	DB0
位值	1	0	写入的数据							

11. 数据读出指令

这条指令用于从 DDRAM 或者 CGRAM 存储空间中读出数据。它紧跟在 "CGRAM 设置指令" 或者 "DDRAM 地址设置指令" 后面，在前一条指令指定了要读取的地址空间后，本条指令用于从对应储存空间中读取数据，并将数据通过数据引脚 DB7～DB0 输出。这条指令的执行时间是 40 μs。

数据读出指令码如表 10.15 所示。

表 10.15　数据读出指令码

引脚	RS	R/W	DB7	DB6	DB5	DB4	DB3	DB2	DB1	DB0
位值	1	1	读出的数据							

10.1.5　初始化

在使用 LCD1602 前，还需要经过一个初始化过程。这个初始化过程只需要在 LCD1602 通电后进行一次即可。只要 LCD1602 不断电，就不需要重新进行初始化。初始化过程与普通程序段执行过程不同，初始化过程不能被打断，必须连续地执行完全部初始化操作后才能执行其他普通语句，否则可能会在 LCD1602 的运行过程中引发错误。

初始化过程如下。

(1) 为器件通电。

(2) 等待至少 15 ms 的时间，并且确保供电电压大于 4.5 V。

(3) 设置 RS = 0，R/W = 0，DB7 = 0，DB6 = 0，DB5 = 1，DB4 = 1。

(4) 等待至少 4.1 ms 的时间。

(5) 设置 RS = 0，R/W = 0，DB7 = 0，DB6 = 0，DB5 = 1，DB4 = 1。

(6) 等待至少 100 μs 的时间。

(7) 设置 RS = 0，R/W = 0，DB7 = 0，DB6 = 0，DB5 = 1，DB4 = 1。

(8) 设置 RS = 0，R/W = 0，DB7 = 0，DB6 = 0，DB5 = 1，DB4 = 0。

在第(8)步后，LCD1602 内部的状态机电路基本上已经处于正常工作状态。直到这个时候，忙标志位(BF)等才能被有效地检测到。接下来，就可以对 LCD1602 屏幕的显示内容等进行具体的设置了。

(9) 设置 LCD1602 的工作模式，即设置 RS = 0，R/W = 0，DB7 = 0，DB6 = 0，DB5 = 1，DB4 = DL，DB3 = N，DB2 = F，DB1 = X，DB0 = X。

如果设置 LCD1602 采用 8 位数据线工作模式，则设置 DL = 1；如果设置 LCD1602 采用 4 位数据线工作模式，则设置 DL = 0。

如果设置屏幕显示 2 行字符，则设置 N = 1；如果设置屏幕显示 1 行字符，则设置 N = 0。

如果设置字符用 5×8 的点阵显示，则设置 F = 0；如果设置字符用 5×10 的点阵显示，则设置 F = 1。

X 位为无关位，不影响配置功能。

(10) 关闭屏幕，即设置 RS = 0，R/W = 0，DB7 = 0，DB6 = 0，DB5 = 0，DB4 = 0，DB3 = 1，DB2 = 0，DB1 = 0，DB0 = 0。

(11) 清屏，并且清除 DDRAM 存储空间中的内容以及复位地址计数器 AC，即设置 RS = 0，R/W = 0，DB7 = 0，DB6 = 0，DB5 = 0，DB4 = 0，DB3 = 0，DB2 = 0，DB1 = 0，DB0 = 1。

(12) 设置显示模式，即设置 RS = 0，R/W = 0，DB7 = 0，DB6 = 0，DB5 = 0，DB4 = 0，DB3 = 0，DB2 = 1，DB1 = I/D，DB0 = S。

若写入新数据后光标左移，则设置 I/D = 0；若写入新数据后光标右移，则设置 I/D = 1。

若写入新数据后屏幕中的内容不移动，则设置 S = 0；若写入新数据后屏幕中的内容右移一个字符，则设置 S = 1。

10.2 相关知识介绍

10.2.1 液晶屏显示原理

液晶屏的显示原理是利用液晶的特性。当液晶不通电时，液晶更多呈现出液态特征，其内部结构排列混乱，对光线的阻碍作用强，因此光线难以通过。当液晶通电时，液晶的内部结构在电流作用下变得有序，呈现出晶体特性，光线更容易通过。通过特定电路对液晶点阵中每个像素点的电流加以控制，使得不同位置的液晶像素点呈现不同的灰度，进而构成不同的图像和字符。

由于液晶本身不会发光，因此单纯的液晶屏需要在有光源的环境中才能工作。当外部光线照射到液晶屏上时，不同像素点对光的透过程度不同，使得不同区域的灰度不一，在人眼中形成具有特定意义的图案或者字符。

为了让液晶屏在完全无光的环境中也能正常显示，设计人员们发明了一种带有背光功能的液晶屏模块。它在液晶屏的后面加上一块发光板，通过电流控制每个液晶像素点的透光率，使得液晶屏的不同位置处的像素点呈现出不同的亮度，从而构成具有特定意义的图案或者字符。

本章所用的 LCD1602 液晶屏模块有带背光板和不带背光板两种型号，从外观上可以轻易区分。在不给背光板供电的情况下，带背光板的液晶屏模块也可以当作不带背光板的液晶屏模块使用，但无法显示背光效果。

10.2.2 LCD1602 的库、功能函数及电路连接方式

前面在介绍 LCD1602 的指令集时，可能有些读者会有一定的压力：应用一个看似功能简单的液晶屏器件就需要掌握十几条指令，并需要了解它的电路连接方式等。在电子科技高速发展的今天，我们学习和掌握硬件知识的速度远远跟不上新产品和新技术不断涌现的速度。在这种形势下，Arduino 的优点就凸显出来了。它通过把大量器件的指令集进行二次封装，将那些原本晦涩难懂的指令转化成了简单易懂的常见操作。我们只需要调用 Arduino 对应库中的几个函数，就可以轻松实现需要上百条 LCD1602 原生指令才能实现的功能。

但是这并不意味着学习各个器件的原生指令集是没有意义的事情。Arduino 所提供的库只是将一些可能会经常用到的操作集成到函数中，使用户能够更加便捷地实现各种功能。但是库的设计者不可能考虑到所有可能的操作，因此，当读者想要实现一些个性化的显示效果时，仍然需要应用 LCD1602 的原生指令。

1. 库

Arduino 的社区中有很多开发者为 LCD1602 开发了多个库，每个库都有各自的特色。本书中仅仅介绍 Arduino 官方提供的库。Arduino 官方提供的液晶屏库的名称为 LiquidCrystal，它是针对日立公司的 HD44780 显示芯片开发的。也就是说，任何采用 HD44780 显示芯片进行显示控制的液晶屏，都可以使用 LiquidCrystal 库来进行编程控制，并不仅仅局限于 LCD1602。

在使用 LiquidCrystal 库控制 LCD1602 时，需要先将加入的库参与编译，即在代码的开头加入以下语句：

        #include <LiquidCrystal.h>

2. 功能函数及其对应的电路连接方式

下面介绍 LCD1602 的功能函数及其对应的电路连接方式。

1) 构造函数 LiquidCrystal()

在 LiquidCrystal 库中，LCD1602 被封装成一个类。我们在使用库中的各种函数来操作与 Arduino 相连的 LCD1602 之前，需要先将 LCD1602 实例化。库中为 LCD1602 提供了多种与电路连接方式和工作方式相对应的构造函数，让用户可以灵活地选择硬件连接方案和软件实现方案，并进行搭配使用。

(1) 10 参数构造函数。

10 参数构造函数如下所示：

      LiquidCrystal(uint8_t rs, uint8_t enable, uint8_t d0, uint8_t d1, uint8_t d2, uint8_t d3, uint8_t d4, uint8_t d5, uint8_t d6, uint8_t d7);

这个构造函数共有 10 个参数，分别为 rs、enable、d0～d7，参数类型为无符号整数，参数的取值对应于与 LCD1620 相连的 UNO 的引脚号。

10 参数构造函数的实例化代码举例如下：

      const int rs = 12, en = 11, d0 = 2, d1 = 3, d2 = 4, d3 = 5, d4 = 6, d5 = 7, d6 = 8, d7 = 9;

      LiquidCrystal LCD(rs, en, d0, d1, d2, d3, d4, d5, d6, d7);

这个构造函数对应的电路连接方式为：LCD1602 的控制引脚 RS 与 UNO 的 12 号引脚相连，控制引脚 EN 与 UNO 的 11 号引脚相连，数据引脚 DB0～DB7 分别与 UNO 的 2 号引脚～9 号引脚相连，读写控制引脚 R/W 直接接地。采用这种连接方式时，UNO 无法读取 LCD1602 中的内容，也无法查询 LCD1602 是否处于忙状态。因此，向 LCD1602 发出的任何操作指令都只能通过等待足够长的时间间隔来确保操作正常完成。

数据传输采用 8 位数据宽度传输方式，数据线定义参数共有 8 个，按照从低到高的顺序为 d0～d7，分别与 LCD1602 的 8 个数据引脚 DB0～DB7 一一对应。

采用 10 参数构造函数的电路连接图如图 10.2 所示。

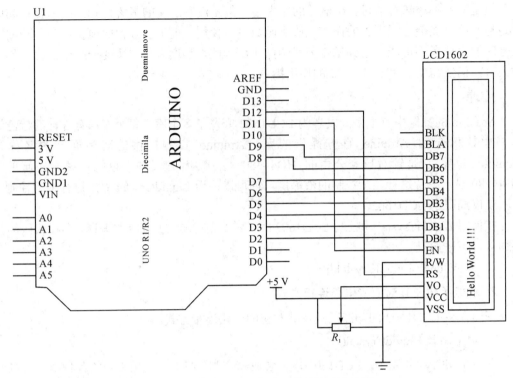

图 10.2　采用 10 参数构造函数的电路连接图

(2) 11 参数构造函数。

11 参数构造函数如下所示：

LiquidCrystal(uint8_t rs, uint8_t rw, uint8_t enable,uint8_t d0, uint8_t d1, uint8_t d2, uint8_t d3,uint8_t d4, uint8_t d5, uint8_t d6, uint8_t d7);

这个构造函数共有 11 个参数，分别为 rs、rw、enable、d0~d7，参数类型为无符号整数，参数的取值对应于与 LCD1602 相连的 UNO 的引脚号。

11 参数构造函数的实例化代码举例如下：

const int rs = 10, rw= 11, en = 12, d0 = 2, d1 = 3, d2 = 4, d3 = 5, d4 = 6, d5 = 7, d6 = 8, d7 = 9;

LiquidCrystal LCD(rs, rw, en, d0, d1, d2, d3, d4, d5, d6, d7);

这个构造函数对应的电路连接方式为：LCD1602 的 RS 引脚与 UNO 的 10 号引脚相连，R/W 引脚与 UNO 的 11 号引脚相连，EN 引脚与 UNO 的 12 号引脚相连，数据引脚 DB0~DB7 分别与 UNO 的 2 号引脚~9 号引脚相连。采用这种连接方式时，UNO 可以向 LCD1602 中写入数据，也可以读取 LCD1602 中的内容，以及查询 LCD1602 是否处于忙状态。因此，向 LCD1602 发出的操作指令既可以通过等待足够长的时间间隔来确保操作正常完成，也可以通过读取忙状态来确保操作正常完成，从而提高执行效率。

数据传输采用 8 位数据宽度传输方式，数据线定义参数也有 8 个，按照从低到高的顺序为 d0~d7，分别与 LCD1602 的 8 个数据引脚 DB0~DB7 一一对应。由于数据可以一次写入一个字节，并且可以通过读取忙标志位来确认操作是否完成，因此采用这种连接方式时，LCD1602 的工作效率可以达到理论上的最高值。

采用 11 参数构造函数的电路连接图如图 10.3 所示。

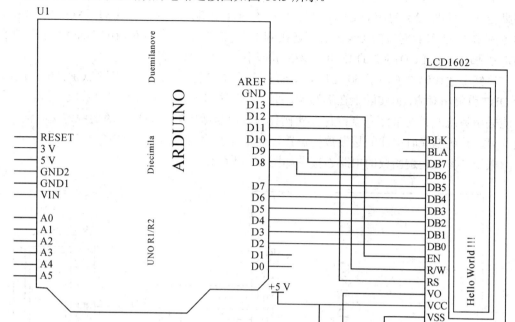

图 10.3　采用 11 参数构造函数的电路连接图

(3) 7 参数构造函数。

7 参数构造函数如下所示：

LiquidCrystal(uint8_t rs, uint8_t rw, uint8_t enable,uint8_t d0, uint8_t d1, uint8_t d2, uint8_t d3);

这个构造函数共有 7 个参数，分别为 rs、rw、enable、d0～d3，参数类型为无符号整数，参数的取值对应于与 LCD1602 相连的 UNO 的引脚号。

7 参数构造函数的实例化代码举例如下：

const int rs = 10, rw= 11, en = 12, DB4 = 6, DB5 = 7, DB6 = 8, DB7 = 9;

LiquidCrystal LCD(rs, rw, en, DB4, DB5, DB6, DB7);

这个构造函数对应的电路连接方式为：LCD1602 的 RS 引脚与 UNO 的 10 号引脚相连，R/W 引脚与 UNO 的 11 号引脚相连，EN 引脚与 UNO 的 12 号引脚相连，数据引脚 DB4、DB5、DB6、DB7 分别与 UNO 的 6、7、8、9 号引脚相连。采用这种连接方式时，UNO 可以向 LCD1602 中写入数据，也可以读取 LCD1602 中的内容，以及查询 LCD1602 是否处于忙状态。因此，向 LCD1602 发出的操作指令既可以通过等待足够长的时间间隔来确保操作正常完成，也可以通过读取忙状态来确保操作正常完成，从而提高执行效率。

数据传输采用 4 位数据宽度传输方式，数据线定义参数有 4 个，按照从低到高的顺序为 d0～d3，分别与 LCD1602 的数据引脚 DB4～DB7 一一对应。由于采用 4 位数据宽度传输方式，因此，每次写入一个字符需要两次写入操作。需要注意的是，这里的 4 个数据引脚采用的是 4 位数据总线方式，但是 LCD1602 的 4 位数据总线用的是 DB4、DB5、DB6、

DB7 4 个引脚,所以在连接电路的时候,应确保 UNO 的对应引脚与 LCD1602 的 DB4~DB7 引脚相连。即 d0 参数对应的 UNO 引脚连接到 DB4 引脚,d1 参数对应的 UNO 引脚连接到 DB5 引脚,d2 参数对应的 UNO 引脚连接到 DB6 引脚,d3 参数对应的 UNO 引脚连接到 DB7 引脚。此时 LCD1602 的 DB0~DB3 引脚不能作任何连接。

虽然上述代码中使用了 d0、d1、d2、d3 作为参数名称,以指示它们与 LCD1602 的 DB4 到 DB7 引脚相对应,但实际上在编写代码时,可以根据个人喜好给这些参数取任何名称(但不能采用系统的关键字),只要确保在实例化对象时参数的顺序与构造函数中定义的顺序一致即可。代码编译时关注的是参数的位置,而不是参数的名称。

采用 7 参数构造函数的电路连接图如图 10.4 所示。

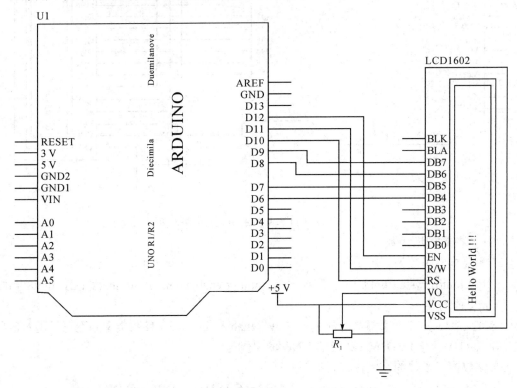

图 10.4　采用 7 参数构造函数的电路连接图

(4) 6 参数构造函数。

6 参数构造函数如下所示:

　　　LiquidCrystal(uint8_t rs, uint8_t en,uint8_t d0, uint8_t d1, uint8_t d2, uint8_t d3);

这个构造函数共有 6 个参数,分别为 rs、en、d0~d3,参数类型为无符号整数,参数的取值对应于与 LCD1602 相连的 UNO 的引脚号。

6 参数构造函数实例化代码举例如下:

　　　const int rs = 10,en = 12, DB4 = 6, DB5 = 7, DB6 = 8, DB7 = 9;

　　　LiquidCrystal LCD(rs, en, DB4, DB5, DB6, DB7);

这个构造函数对应的电路连接方式为:LCD1602 的 RS 引脚与 UNO 的 10 号引脚相连,R/W 引脚直接接地,EN 引脚与 UNO 的 12 号引脚相连,数据引脚 DB4、DB5、DB6、DB7

分别与 UNO 的 6、7、8、9 号引脚相连。采用这种连接方式时，UNO 只能向 LCD1602 中写入数据，无法读取 LCD1602 中的内容，也不能查询 LCD1602 是否处于忙状态。因此，向 LCD1602 发出的任何操作指令只能通过等待足够长的时间间隔来确保操作正常完成。

数据传输采用 4 位数据宽度传输方式，数据线定义参数从低到高为 d0～d3，分别与 LCD1602 的数据引脚 DB4～DB7 一一对应。由于采用 4 位数据宽度传输方式，因此，每次写入一个字符需要两次写入操作，所以在连接电路的时候，应确保 UNO 的对应引脚与 LCD1602 的 DB4～DB7 引脚相连。即 d0 参数对应的 UNO 引脚连接到 DB4 引脚，d1 参数对应的 UNO 引脚连接到 DB5 引脚，d2 参数对应的 UNO 引脚连接到 DB6 引脚，d3 参数的对应的 UNO 引脚连接到 DB7 引脚。

采用这种连接方式时，每次操作都需要等待足够长的时间以确保数据正确传输，而且一个字符需要分两次写入，因此这种连接方式是 4 种连接方式中效率最低的一种。但是，这种连接方式的最大优点是需要占用的 UNO 的引脚数量最少，因此这种连接方式是标准版 LCD1602 中应用最广泛的一种。

采用 6 参数构造函数的电路连接图如图 10.5 所示。

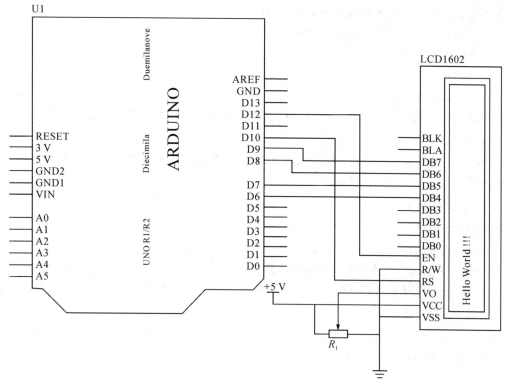

图 10.5　采用 6 参数构造函数的电路连接图

2) begin()函数

begin()函数是 LCD1602 的初始化设置函数。这个函数将 LCD1602 的复杂初始化过程集成在一起，只需要通过调用该函数，就可以完成整个器件的初始化和必需的参数设定。

该函数有两种调用形式。第一种调用形式为

begin(cols, lines);

该形式只有两个参数，这种形式是最常用的 LCD1602 初始化形式。此时，第一个参数 cols 设置为可显示字符的列数，第二个参数 lines 设置为可显示字符的行数。例如，调用初始化函数 begin(16, 1) 后，一行可以显示 16 个字符，只能显示 1 行；调用初始化函数 begin(16,2) 后，一行可以显示 16 个字符，可以显示 2 行。每个字符的默认显示点阵为 5×8 的矩阵。

begin() 函数的第二种调用形式为

begin(cols, lines, charsize);

该形式有三个参数，第一个参数 cols 设置为可显示字符的列数；第二个参数 lines 设置为可显示字符的行数；第三个参数 charsize 用于设置每个字符是以 5×8 的点阵显示，还是以 5×10 的点阵显示。当第三个参数为 0 时，表示以 5×8 的点阵显示字符；当第三个参数为 4 时，表示以 5×10 的点阵显示字符。当选择以 5×10 的点阵来显示字符时，屏幕上只能显示一行字符。

例如，要设置 LCD1602 的屏幕一行显示 10 个字符，总共只显示一行，每个字符以 5×10 的点阵显示，则初始化函数为 begin(10, 1, 4)。

例如，要设置 LCD1602 的屏幕一行显示 16 个字符，总共显示 2 行，每个字符以 5×8 的点阵显示，则初始化函数为 begin(16, 2, 0)。

LCD1602 初始化设置的代码举例如下：

Lcd.begin(16, 2);

或

Lcd.begin(16, 1, 4);

其中 Lcd 为实例化的对象名，读者可以根据自己的喜好选择不同的实例化对象名称。

3) clear() 函数

clear() 函数的作用是清除屏幕上的所有内容，并且将光标位置重置到屏幕左上角的第一个字符处。该函数的调用形式如下：

Lcd.clear();

4) home() 函数

home() 函数的作用是将光标位置移动到屏幕左上角的第一个字符处，但屏幕上的内容保持不变。与 clear() 函数不同，home() 函数仅改变光标的位置，不会清除屏幕上的任何字符。如果想在当前屏幕的某个位置写入新内容而不想删除已有内容，则可以调用这个函数。

5) setCursor() 函数

setCursor() 函数用于将光标放置到屏幕上的指定位置，调用该函数后，屏幕上的已有内容不会改变。该函数的调用形式如下：

setCursor(col, row);

该函数共有两个参数，第一个参数 col 是光标要放置的目标列数，第二个参数 row 是光标要放置的目标行数。行数和列数的计数都是从 0 开始的，所以屏幕左上角的第一个字符位的坐标为 (0, 0)，屏幕右下角的最后一个字符位的坐标为 (15, 1)。

setCursor() 函数的应用实例如下：

Lcd.setCursor(7, 1);

执行上述代码后，光标被放置到第 8 列第 2 行。

6) write()函数

write()函数的作用是向屏幕上当前光标所在的位置写入字符，该函数的调用形式如下：

  write(data);

它只有一个参数 data，参数 data 是要显示的字符在字库中的值。例如，如果想要显示字符"A"，那么参数 data 的值为 0x41；如果想要显示字符"W"，那么参数 data 的值为 0x57。每个字符的对应数值可以在 LCD1602 的字符库(表 10.1)中查到。

在写操作完成后，该函数会返回实际写入的字符个数。

write()函数的应用实例如下：

  Lcd.setCursor(4, 0);

  Lcd.write(0x41);

执行上述代码后，字符"A"写入第 1 行第 5 列的位置。

7) print()函数

print()函数和前面介绍的 write()函数一样，都是用于向屏幕上写入字符。不过 print()函数输入的参数可以是数字或者字符，不必像 write()函数那样需要去查字库。print()函数的应用更加灵活，它可以自动将用户输入的字符转换成字库中的数值。

该函数有三种调用形式。第一种调用形式为

  print(data);

这种调用调用形式只有一个参数，常用于字符和字符串的显示。当然它也可以用于数字的输出，在输出数字时，默认以十进制形式显示。

第一种调用形式的应用实例如下：

  Lcd.print("A");

  Lcd.print("Hello World. ");

  Lcd.print(93);

第二种调用形式如下：

  print(data, BASE);

这种调用形式有两个参数，用于整数的输出和显示。第一个参数 data 是需要输出的整数或者字符组合。当参数 data 以非十进制数表示时，需要指明进制。例如，0x2A 表示十六进制的 2A。第二个参数 BASE 用于指定以什么进制显示，它可以是 BIN(二进制)、DEC(十进制)、OCT(八进制)、HEX(十六进制)。

第二种调用形式的应用实例如下：

  Lcd.print(85, HEX);

执行上述语句后，显示结果为 55，即十进制的 85 以十六进制的 55 显示。

采用第二种调用形式时，print()函数的返回值为实际显示的字符的个数。

第三种调用形式如下：

  print(data, length);

这种调用形式也有两个参数，用于浮点数的显示。当第一个参数 data 是浮点数时，第二个参数 length 是一个整数，用来指定在显示第一个参数时，小数点后面保留的位数。如果浮点数本身的小数点后面位数少于指定的显示位数，则会在后面补 0。

第三种调用形式的应用实例如下：

    Lcd.print(12.345, 0);

    Lcd.print(12.345, 2);

    Lcd.print(12.345, 4);

执行上述语句后，显示结果分别为 12、12.34、12.3450。

8) cursor()函数

cursor()函数的作用是让光标显示出来，光标通常以下画线的形式出现在当前已显示的字符的末尾，即指示下一个字符将要显示的位置。cursor()函数的调用形式如下：

    Lcd.cursor();

9) noCursor()函数

noCursor()函数的作用与 cursor()函数的相反，用于隐藏屏幕上的光标。该函数的调用形式如下：

    Lcd.noCursor();

10) blink()函数

blink()函数的作用是让屏幕上光标所在位置的点阵开始闪烁。如果光标所在位置有字符显示，则光标闪烁时并不会将字符擦除。该函数调用形式如下：

    Lcd.blink();

11) noBlink()函数

noBlink()函数的作用是让当前正在闪烁的光标停止闪烁。如果光标之前正在闪烁，那么调用此函数后，光标将停止闪烁，恢复为静态显示状态。如果光标之前未处于闪烁状态，那么调用此函数后不对屏幕上的显示内容产生任何影响。该函数的调用开式如下：

    Lcd.noBlink();

12) display()函数

display()函数的作用是让处于关闭状态的屏幕重新开始显示字符。如果屏幕在调用该函数之前已经处于显示状态，那么调用这个函数后不会对屏幕当前的显示内容和状态产生任何影响。

如果 LCD1602 液晶屏模块是带背光板的型号，那么背光板的亮与灭不受 display()函数的影响。

该函数的调用形式如下：

    Lcd.display();

13) noDisplay()函数

noDisplay()函数的作用是使处于显示状态的屏幕关闭显示。如果屏幕在调用该函数之前已经处于关闭状态，那么调用这个函数后不会对屏幕的状态产生任何影响。当 noDisplay()函数执行时，仅仅使屏幕不显示，并不会清除 DDRAM 存储空间中的内容。所以，当再次调用 display()函数后，屏幕中原有的内容仍然会保留并显示出来。

如果 LCD1602 液晶屏模块是带背光板的型号，那么背光板的亮与灭不受 noDisplay()函数的影响。

该函数的调用形式如下：

　　　　Lcd.noDisplay();

14) scrollDisplayLeft()函数

scrollDisplayLeft()函数的作用是让屏幕上显示的内容整体向左移动一位。因为这个函数是直接对 DDRAM 存储空间中的内容进行操作的，所以即使屏幕处于关闭状态，调用这个函数仍然会使 DDRAM 存储空间中的所有字符向左移动一位。当屏幕重新开启时，用户将看到移动后的内容。

该函数的调用形式如下：

　　　　Lcd.scrollDisplayLeft();

15) scrollDisplayRight()函数

scrollDisplayRight()函数的作用是使屏幕上显示的内容整体向右移动一位，其工作原理和显示效果与 scrollDisplayLeft()函数的相同。该函数的调用形式如下：

　　　　Lcd.scrollDisplayRight();

16) autoscroll()函数

autoscroll()函数可以翻译为自动滚动函数。该函数的作用是让屏幕上显示的字符自动开始滚动显示，滚动的方向取决于 LCD1602 所设置的字符的显示方向。如果设置了字符的显示方向是从左向右，那么在调用 autoscroll()函数后，每一行的字符就会自动从右向左滚动显示；如果设置了字符的显示方向是从右向左，那么调用 autoscroll()函数后，每一行的字符就会自动从左向右滚动显示。

使用这个函数时需要注意以下两点：

(1) LCD1602 屏幕上的每一行最多只能显示 16 个字符，但是与每一行对应的存储空间有 40 个。也就是说，如果我们向某一行写入了 40 个字符，那么屏幕上只会显示前 16 个字符，而剩下的 24 个字符会存储在 DDRAM 存储空间中，并没有丢失，只是无法显示而已。这个时候如果调用了 autoscroll()函数，那么剩余的 24 个字符也会随着字符的滚动逐渐显示出来，所以在写代码时要充分考虑到这个情况。

(2) autoscroll()函数的滚动速度是不可设置的，它的滚动效果仅仅受限于 LCD1602 的时钟频率。因此要想得到一个合适的滚动效果，可以先执行 autoscroll()函数，然后再写入字符。读者也可以自己多动脑子，看看能不能找到更好的办法，做出更加炫酷的显示效果。

该函数的调用形式如下：

　　　　Lcd.autoscroll();

17) noAutoscroll()函数

noAutoscroll()函数的作用是关闭字符滚动效果。该函数的调用形式如下：

　　　　Lcd.noAutoscroll();

18) leftToRight()函数

leftToRight()函数的作用是设置屏幕上字符的显示方向为从左向右，该方向是默认显示方向。如果没有对屏幕进行特殊设置，那么字符的显示方向就默认为从左向右。该函数的调用形式如下：

　　　　Lcd.leftToRight();

19) rightToLeft()函数

rightToLeft()函数的作用也是设置屏幕上字符的显示方向，方向为从右往左。该函数的调用形式如下：

Lcd.rightToLeft();

20) creatChar()函数

creatChar()函数是创建自定义字符函数，它的作用是创建一个由 5×8 点阵显示的自定义字符。如前面所介绍，LCD1602 用于存储自定义字符的存储空间共有 8 个，也就是说用户最多可以自定义 8 个字符。该函数的调用方式如下：

creatChar(num, data);

该函数共有两个参数，第一个参数 num 用来指明创建的字符存储在哪一个自定义字符空间中，该参数的数据类型为整数，取值范围为 0~7。第二个参数 data 是标识点阵中哪一位需要为暗，哪一位需要为亮的写入数据。数据以二进制形式表示，暗的位为 1，亮的位为 0。由于显示字符的点阵是 5×8 的规格，因此参数 data 是一个存有 8 个数据的数组。因为点阵的每一行只有 5 个需要标识的位置，所以每一个数据只需要一个字节大小即可。

通过该函数所创建的字符属于非通用字符，因此无法通过调用 print()函数使自定义字符在屏幕上显示。为了显示这些自定义字符，只能调用 write()函数，通过指定地址的方式来让屏幕显示自定义字符。

该函数的应用实例如下：

```
byte face[8] = {
    B00000,
    B10001,
    B00000,
    B00000,
    B10001,
    B01110,
    B00000
};

void setup() {
    lcd.createChar(0, face);
    lcd.begin(16, 2);
    lcd.write(byte(0));
}
```

在上述代码中，首先将自定义字符写入 0 号存储单元，然后通过调用 write()函数将自定义字符显示在屏幕上。

在绝大多数情况下，Arduino 官方提供的 LCD1602 库中的 20 个函数都可以满足用户的需求。一般来说，我们只要仔细揣摩，把这 20 个函数加以组合就可以实现所需要的功能。

但是，如果读者在某些情况下需要实现一些非常特殊的功能，而这些功能无法通过以上 20 个函数的组合来实现，那么读者可以用 LCD1602 的 11 条底层指令来实现这些特殊功能。

10.2.3　不同进制数表示

人们在日常生活中通常使用十进制数。但是在计算机和各种电子设备中，人们实际上使用的是二进制数。为了便于表示和互相换算，在设计硬件和软件编码时，人们也常常使用八进制和十六进制来表示数值。由于在不同编程语言中，不同进制数的表示方式可能会有所不同，所以下面介绍在 Arduino 中如何表示不同进制数。

在 Arduino 的编程语言中，如果不做任何特殊说明，那么数据默认是常见的十进制数。例如，print(30)表示打印十进制数 30，A = 50 就表示将十进制数 50 赋值给变量 A。

二进制数的表示数字只有 0 和 1，而十进制数的表示数字中也有 0 和 1。那么怎么区分二者呢？Arduino 为二进制数提供了专门的表示方法：在数值前面加上 B 或者 0B(也可以是 b 或 0b)，以指明这个数字是二进制数。例如，10 表示的是十进制数 10，0B10 表示的是二进制数 10，也就是十进制数 2。

八进制数的表示数字是 0、1、2、3、4、5、6、7，很不凑巧的是，十进制数中也有这 8 个数字。那么怎么区分八进制数和十进制数呢？在 Arduino 中，在数值前面加上一个 0 来表示八进制数，不加 0 则表示十进制数。例如，23 表示十进制数 23，023 表示八进制数 23，即十进制数 19。

十六进制数的表示数字共有 16 个，其中，0～9 表示的数值与十进制中的相同，A 表示十进制中的 10，B 表示十进制中的 11，C 表示十进制中的 12，D 表示十进制中的 13，E 表示十进制中 14，F 表示十进制中的 15。Arduino 通过在数字前面加上 0X(或 0x)来表示十六进制数。例如，55 表示十进制数 55，0x55 表示十六进制数 55，即十进制数 85。

10.3　电路连接、代码编写及解析

在学习了本章的以上内容后，我们应该动手实践一下了。学习的知识只有经过实际操作和验证，才能真正融入我们的知识体系，成为我们自己的知识。

下面我们先完成一个能够在 LCD1602 上显示九九乘法表的电路连接和代码实例。

10.3.1　电路连接(一)

我们先构建一个简单的 LCD1602 电路，让 LCD1602 的屏幕先亮起来。为了在 Arduino UNO 上连接更多的器件，笔者选择了一个具有 6 个引脚的控制方案，即 UNO 只连接 LCD1602 的两个控制引脚 RS、EN 和四个数据引脚 DB4、DB5、DB6、DB7。LCD1602 的 RS 引脚与 UNO 的 12 号引脚相连，EN 引脚与 UNO 的 10 号引脚相连，数据引脚 DB4、DB5、DB6、DB7 分别与 UNO 的 6、5、4、3 号引脚相连，R/W 引脚直接接地。

电路中各个器件的连接关系如表 10.16 所示。表中同一行所列引脚为连接到一处的器件引脚或电源。注意，背光板电源也可以用 3.3 V 电压。

表 10.16　各器件连接关系图

UNO 的引脚	LCD1602 的引脚	VCC(5 V)	GND	电阻值为 1 kΩ 可调电阻
3	DB7			
4	DB6			
5	DB5			
6	DB4			
12	RS			
10	EN			
	VSS		GND	左端引脚
	VCC	5 V		右端引脚
	VO			可调引脚
	BLA	5 V		背光板电源正极
	BLK		GND	背光板电源负极

UNO 与 LCD1602 的电路连接图如图 10.6 所示。

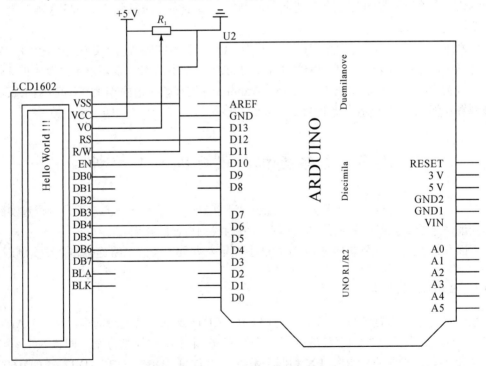

图 10.6　LCD1602 与 UNO 的电路连接图

请各位读者认真地按照图 10.6 所示的连接关系将各个器件连接起来，然后再非常认真地检查至少一次。

注：各位读者一定要养成复查电路的好习惯。对于硬件工程师来说，再怎么谨慎都不

为过。因为硬件连接和操作上的错误往往是不可逆转的，而且可能会有一定的危险。谨慎小心、一丝不苟的操作和复查是对自己、他人和工作负责任的表现。

在确认电路连接无误后，缓慢调节可调电阻，直至 LCD1602 的屏幕显示状态为刚好没有方块状的虚影为止。因为在这个状态下，屏幕的显示效果达到最佳。

10.3.2　代码编写(一)

既然要使用 LCD1602 作为显示器件，那么无论准备做什么，都必须要先引入库、指定引脚连接和进行初始化操作。由于我们第一次使用 LCD1602 这个器件，因此一点点仪式感是必须的，所以用程序员的方式来和新的知识领域打个招呼，说个"Hello World!!!"吧。

首先在 Arduino IDE 中新建一个文件，不妨把它命名为"simple_LCD1602"，然后保存，接着在文件中键入以下代码：

```
#include <LiquidCrystal.h>
const int rs = 12, en = 10, d4 = 6, d5 = 5, d6 = 4, d7 = 3;
LiquidCrystal lcd(rs, en, d4, d5, d6, d7);

void setup() {
    // 定义屏幕为两行显示，每一行显示 16 个字符
    lcd.begin(16, 2);
    // 在屏幕上显示信息
    lcd.print("Hello World!!!");
    delay(3000);
}
```

将上述代码输入完毕后，先把它上传到 UNO 中尝试一下。如果能够看到"Hello World!!!"的字样在屏幕上亮起，那么恭喜你，你已经成功地迈出了第一步。

如果电路运行结果没有像我们预期的那样，那么就先拔掉 USB 电缆，重新检查电路连接是否正确。在确认电路连接没有问题的前提下，再逐行检查代码是否有问题，并根据你的判断修改电路或者代码。在确认硬件连接和软件编码都没有问题的前提下，调节可调电阻的阻值，直到你能够从屏幕上清晰地看到预期的结果为止。

接下来，我们要在屏幕上输出九九乘法表。也就是说，被乘数和乘数都要从 1 遍历到 9。这个时候读者可以停下来想一想，用什么样的语法和结构实现比较合适呢？思考一会，再接着往下看。

由于两个数都需要从 1 遍历到 9，因此使用双层 for 循环嵌套比较合适。如果读者有不一样的想法，一定要积极大胆地实验一下。这个世界上很多事情，实际上绝大多数事情，都是没有标准答案的。标准答案往往会抹杀掉世界上 90%的美好。

我们可以给被乘数命名为 a，乘数命名为 b。因为两个变量都需要从 1 依次递增到 9，所以两个变量的递增步长为 1。被乘数的每一个值都需要和乘数的全部值相乘一次，所以乘数 b 的循环应该嵌套在被乘数 a 的循环内部，代码如下：

```
for(int a=1; a<=9; a++)
    for(int b=1; b<=9; b++){ }
```

因为屏幕的第一行已经用来显示"Hello World!!!"，所以将乘法算式放到第二行显示。用前面介绍的 setCursor()函数来设置光标的位置为第二行第一列，代码如下：

```
lcd.setCursor(0,1);
```

然后输出被乘数 a 的值、乘法符号"*"、乘数 b 的值、等于符号"="，最后输出 a*b 的结果，代码如下：

```
lcd.print(a);
lcd.print('*');
lcd.print(b);
lcd.print('=');
lcd.print(a*b);
```

因为人类的反应速度较慢，为了确保用户能够清晰地看到每次计算的结果，所以在每次计算并显示结果后，要求电路等待 1 s，然后再进行下一次运算。为了实现这一代码，因此需要添加如下代码：

```
delay(1000);
```

实现上述全部功能的完整代码如下：

```
#include <LiquidCrystal.h>
const int rs = 12, en = 10, d4 = 6, d5 = 5, d6 = 4, d7 = 3;
LiquidCrystal lcd(rs, en, d4, d5, d6, d7);

void setup() {
    //定义屏幕为两行显示，每一行显示 16 个字符
    lcd.begin(16, 2);
    //在屏幕上显示信息
    lcd.print("Hello World!!!");
    delay(3000);
}

void loop() {
    // put your main code here, to run repeatedly:
    for(int a=1; a<=9; a++)
        for(int b=1; b<=9; b++){
            lcd.setCursor(0,1);
            lcd.print(a);
            lcd.print('*');
            lcd.print(b);
```

```
        lcd.print('=');
        lcd.print(a*b);
        delay(1000);
    }
}
```

读者可以将上述完整代码上传到 UNO 中，然后观察显示结果是否符合预期。

10.3.3　问题解析

各位读者在运行以上代码时，一开始心情应该是很愉悦的。看着一行行的算式刷新出来，很有成就感。但是如果读者足够有耐心的话，就会发现当计算完 2×9 的算式后，一个小问题出现了。当执行 $2 \times 9 = 18$ 的运算时，总共需要显示 6 个字符。但接下来的算式是 $3 \times 1 = 3$，总共只需要显示 5 个字符。由于屏幕的显示结果是写入 DDRAM 存储空间中的，只要电路不断电且不被新的内容覆盖，旧的内容是一直存在的。因此，当屏幕开始显示 $3 \times 1 = 3$ 时，上一次运算的最后一位字符"8"会被保留下来，于是显示结果变成了 $3 \times 1 = 38$。以此类推，只要每一次乘数是 9，且运算结果为两位数时，下一次运算由于乘数变成了 1，运算结果变成了一位数，就会出现上述显示错误。

明白了出现问题的原因，找到解决方案就很容易了。我们只需要加入一条清屏指令就可以解决这个问题了。接下来，读者可以再一次停下来思考一下，清屏指令加在什么位置最合适？

笔者认为加在乘数 b 的 for 循环结束后的位置比较合适。因为错误都是发生在乘数 b 的 for 循环结束，被乘数 a 加一后，乘数 b 的 for 循环再次开始时，所以将清屏指令加在外层循环体的最后位置。这样既可以保证这条指令被执行的次数最少，避免很多无效操作，又可以保证显示结果的准确性。修改后的完整代码如下：

```
#include <LiquidCrystal.h>
const int rs = 12, en = 10, d4 = 6, d5 = 5, d6 = 4, d7 = 3;
LiquidCrystal lcd(rs, en, d4, d5, d6, d7);

void setup() {
    // 定义屏幕为两行显示，每一行显示 16 个字符
    lcd.begin(16, 2);
    // 在屏幕上显示信息
    lcd.print("Hello World!!!");
    delay(3000);
}

void loop() {
    // put your main code here, to run repeatedly:
```

```
for(int a=1; a<=9; a++){
    for(int b=1; b<=9; b++){
        lcd.setCursor(0,1);
        lcd.print(a);
        lcd.print('*');
        lcd.print(b);
        lcd.print('=');
        lcd.print(a*b);
        delay(1000);
    }
    lcd.clear();
}
}
```

不过比较遗憾的是，执行完上述代码后，屏幕上显示的"Hello World!!!"也被清除了。

注：以上代码的编号为 simple_LCD1602。

10.3.4　电路连接(二)

接下来，我们将前面介绍过的几个器件组合起来，构建一个比较复杂但有实用价值的电路。

我们的目标是设计一个室内温湿度监测告警系统。该系统可以实时检测并显示周围环境中的温湿度值。当室内的温湿度值处于正常范围时，温湿度值在 LCD1602 的屏幕上实时更新；当温湿度值在不适范围内时，屏幕上显示当前温湿度值，并且红色 LED 亮起以发出告警；当温湿度值在危险范围内时，屏幕上显示当前温湿度值，红色 LED 亮起，同时蜂鸣器发出声音告警。

下面我们根据目标进行电路连接，整个系统的电路原理图如图 10.7 所示。

首先进行 LCD1602 的连接，我们依然采用之前的连接方案：LCD1602 的控制引脚 RS 连接到 UNO 的 12 号引脚；LCD1602 的控制引脚 EN 连接到 UNO 的 10 号引脚；LCD1602 的 R/W 引脚直接接地；LCD1602 的数据总线采用四线方式，引脚 DB4、DB5、DB6、DB7 分别与 UNO 的 6、5、4、3 号引脚相连；LCD1602 的显示对比度调节引脚 VO 与可调电阻的可调滑臂端相连，可调电阻的左、右两端分别与电源和地相连；LCD1602 的用来点亮背光板的 BLA、BLK 两个引脚分别连接到电源和地。

在这部分电路连接好后，可以先给电路通电，并调节可调电阻的电阻值，以使屏幕的显示效果达到最佳状态，即调节到屏幕上的文字或图像刚好没有虚影就可以了。

然后进行温湿度传感器的连接，我们选用前面介绍过的 DHT11 温湿度传感器。在 DHT11 连接上电源和地之后，在数据输出引脚 DATA 上添加一个电阻值为 5 kΩ 的上拉电阻，并将该引脚连接到 UNO 的 7 号引脚。请注意，在电路上我们采用的是标号连接法，即如果原理图上的两个节点要连接到一起，但是为了避免连线过于复杂，不利于分析原理和查错，那么就可以将两个节点标上相同的标号，表示这两个节点是连接到一起的。这样连接的效果与直接用导线连接的效果相同。

　　用于显示告警的红色 LED，通过一个电阻值为 220 Ω 的限流电阻与 UNO 的 8 号引脚相连，同样采用标号连接法。用于发声告警的蜂鸣器选用高电平触发的有源蜂鸣器，它的控制引脚与 UNO 的 9 号引脚相连，同样采用标号连接法。

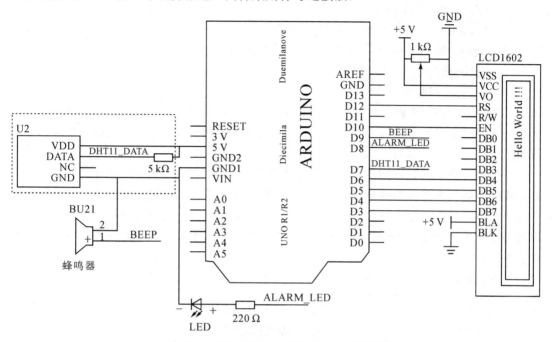

图 10.7　温湿度监测告警系统的电路原理图

10.3.5　代码编写(二)

　　在硬件系统的代码编写过程中，出错的源头可能较多，例如，代码本身的逻辑问题、硬件连接的问题、某个器件本身存在缺陷或者故障。因此，不建议一次性编写完所有代码后再开始调试。更合适的做法是一步步地添加和完善代码，同时逐步进行调试和验证，以确保代码和硬件运行的正确性。接下来，我们按照这个思路来实现我们的设计目标。

　　在这个系统中，需要用到 4 个外围器件，分别是 LED、蜂鸣器、LCD1602 和 DHT11。由于 LCD1602 和 DHT11 需要特定的库文件支持，因此我们在代码文件的开头导入这些库。为了提高代码的可读性和可维护性，我们将各个器件的引脚进行预定义。实现上述功能的代码如下：

```
#include <DHT.h>
#define DHTPIN 7              //定义 DHT11 的数据输出引脚与 UNO 的 7 号引脚相连
#define DHTTYPE DHT11         //定义温湿度传感器类型为 DHT11

#include <LiquidCrystal.h>
const int rs = 12, en = 10, d4 = 6, d5 = 5, d6 = 4, d7 = 3; //定义 LCD1602 的各个引脚
```

```
#define ALARM_LED 8        //定义与 LED1602 连接的引脚为 8 号引脚
#define BEEP       9        //定义与蜂鸣器连接的引脚为 9 号引脚
```

然后对两个器件进行实例化，并将两个器件分别命名为 dht 和 lcd，代码如下：

```
DHT dht(DHTPIN, DHTTYPE);
LiquidCrystal lcd(rs, en, d4, d5, d6, d7);
```

在 setup()函数中对 DHT11 和 LCD1602 进行初始化，代码如下：

```
dht.begin();
lcd.begin(16, 2);
```

当然，读者也可以根据自己的喜好来添加一些个性化的内容，这是一件非常有意义的事情。如果这个世界上的每个人、每个东西、每件事情都一模一样，那么这个世界真是太无趣了。

接下来，我们开始读取 DHT11 的温湿度值，并将其在 LCD1602 的屏幕上显示。为此，我们声明两个浮点型变量 temp 和 humi，用于保存读入的温度值和湿度值。因为数据需要不停地读取和显示，所以这部分代码放在 loop()函数中。又因为通常环境中的温度和湿度不会有非常剧烈的变化，所以加上一定的延时，使得数据的读取和显示刷新不至于很频繁。

至此，我们已经成功实现了一个功能简洁明了的完整代码，以下是全部代码内容：

```
#define ALARM_LED 8        //定义与 LED 连接的引脚为 8 号引脚
#define BEEP       9        //定义与蜂鸣器连接的引脚为 9 号引脚

DHT dht(DHTPIN, DHTTYPE);
LiquidCrystal lcd(rs, en, d4, d5, d6, d7);

float temp, humd;          //定义温度和湿度变量

void setup() {
    // put your setup code here, to run once:
    dht.begin();
    lcd.begin(16, 2);
    lcd.print("TEMPERATURE & HUMIDITY MONITOR");
    delay(1000);
}

void loop() {
    // put your main code here, to run repeatedly:
    temp = dht.readTemperature();      //读取温度值
    humd = dht.readHumidity();         //读取湿度值
```

```
lcd.setCursor(0,0);
lcd.print("Temperature = ");
lcd.print(temp);
lcd.setCursor(0,1);
lcd.print("Humidity = ");
lcd.print(humd);
delay(3000);
}
```

将上述代码上传到 UNO 中，看看实际运行结果如何。如果电路运行的结果与预期的不一样，那么请读者从硬件连接和软件逻辑两方面仔细排查问题，直到电路能够正常运行后，再开始实现下一步功能。

在上述功能调试无误后，我们将加入对环境信息的判断。首先，在代码的前面定义一个浮点类型的全局变量 htIndex 来存储根据温度和湿度计算得到的热指数，代码如下：

```
float htIndex;
```

然后，在 loop()函数中读取热指数值，并根据热指数值来判断当前环境是处于安全、不适或者危险状态，同时根据不同情况发出不同程度的声光告警。当热指数值小于或等于 80 时，环境的温湿度处于安全范围内，蜂鸣器和红色 LED 都不工作，因此 8 号、9 号引脚输出低电平。当热指数大于 80 小于或等于 101 时，环境的温湿度已进入不适范围，红色 LED 亮起，8 号引脚输出高电平，9 号引脚仍输出低电平。当热指数大于 101 时，环境的温湿度进入危险范围，蜂鸣器和 LED 都工作，8、9 号引脚都输出高电平。

为了让工作人员能够更加直观地了解当前环境的状况，应该将热指数值和环境所处的状况范围显示在 LCD1602 的屏幕上。因此，接下来将温度和湿度值在 LCD1602 屏幕的第一行显示，热指数值及其所处范围在屏幕的第二行显示。

但是这样的调整出现了一个问题，屏幕的每一行只能显示 16 个字符，如果显示信息过多，则无法完全显示在屏幕上。因此，将显示内容调整为滚动显示。

修改过的完整代码如下：

```
#include <DHT.h>
#define DHTPIN 7              //定义 DHT11 的数据输引脚与 UNO 的 7 号引脚相连
#define DHTTYPE DHT11         //定义温湿度传感器类型为 DHT11
#include <LiquidCrystal.h>
const int rs = 12, en = 10, d4 = 6, d5 = 5, d6 = 4, d7 = 3;    //定义 LCD1602 的各个引脚
#define ALARM_LED 8           //定义与 LED1602 连接的引脚为 8 号引脚
#define BEEP        9         //定义与蜂鸣器连接的引脚为 9 号引脚

DHT dht(DHTPIN, DHTTYPE);
LiquidCrystal lcd(rs, en, d4, d5, d6, d7);
```

```
float temp, humd;              //定义温度和湿度变量
float ht Index                 //定义热指数变量
void setup() {
    // put your setup code here, to run once:
    pinMode(ALARM_LED, OUTPUT);
    pinMode(BEEP, OUTPUT);
    dht.begin();
    lcd.begin(16, 2);
    lcd.print("TEMPERATURE & HUMIDITY MONITOR");
    delay(1000);
}


void loop() {
    // put your main code here, to run repeatedly:
    temp = dht.readTemperature();      //读取温度值
    humd = dht.readHumidity();         //读取湿度值
    lcd.setCursor(0,0);
    lcd.clear();
    lcd.autoscroll();
    lcd.print("Temp=");
    lcd.print(temp);
    lcd.print(" ");
    lcd.print("Humi=");
    lcd.print(humd);

    htIndex = dht.computeHeatIndex();
    if(htIndex <=80){                          //热指数值在安全范围内
        digitalWrite(ALARM_LED, LOW);
        digitalWrite(BEEP, LOW);
        lcd.setCursor(0,1);
        lcd.print("HtIndx=");
        lcd.print(htIndex);
    }
    else if(htIndex >80 && htIndex <= 101){    //热指数值在不适范围内
        digitalWrite(ALARM_LED, HIGH);
        digitalWrite(BEEP, LOW);
        lcd.setCursor(0,1);
        lcd.print("HtIndx=");
        lcd.print(htIndex);
```

```
    }
    else if(htIndex > 101){        //热指数值在危险范围内
        digitalWrite(ALARM_LED, HIGH);
        digitalWrite(BEEP, HIGH);
        lcd.setCursor(0,1);
        lcd.print("HtIndx=");
        lcd.print(htIndex);
    }
    delay(3000);
}
```

　　读者可以将上述代码写入 UNO 中，看看运行效果是否和我们预期的一样？如果运行效果和预期相符，那么恭喜你，你已经完成了代码的编写和测试；如果和预期不符，那么不妨先停下来，思考几分钟，分析一下到底哪里出现了问题。

　　笔者在 Arduino IDE 的 1.8.16 版本上编译并上传以上代码到 Arduino UNO 中，并没有看到预期的运行效果。

　　问题还是出在 autoscroll()函数的使用上。前面介绍过，autoscroll()函数的滚动速度并不是可控的，因此要实现比较合适的滚动显示效果，需要控制显示字符的写入速度。如果坚持使用 autoscroll()函数来实现滚动输出，则可以把要显示的字符预先存储在一个一维数组中，然后以较慢的速度逐个写入 LCD1602 的 DDRAM 存储空间中。不过，这种方法实现起来相对较为烦琐。

　　另一种方法是采用 scrollDisplayLeft()函数或者 scrollDisplayRight()函数，通过每次只移动显示内容的一位来实现肉眼可见的字符滚动效果。

　　修改后的完整代码如下：

```
#include <DHT.h>
#define DHTPIN 7              //定义 DHT11 的数据输引脚与 UNO 的 7 号引脚相连
#define DHTTYPE DHT11         //定义温湿度传感器类型为 DHT11

#include <LiquidCrystal.h>
const int rs = 12, en = 10, d4 = 6, d5 = 5, d6 = 4, d7 = 3; //定义 LCD1602 的各个引脚

#define ALARM_LED 8           //定义与 LED 连接的引脚为 8 号引脚
#define BEEP       9          //定义与蜂鸣器连接的引脚为 9 号引脚

DHT dht(DHTPIN, DHTTYPE);
LiquidCrystal lcd(rs, en, d4, d5, d6, d7);

float temp, humd;     //定义温度和湿度变量
```

```
float htIndex;            //定义热指数变量

void setup() {
    // put your setup code here, to run once:
    pinMode(ALARM_LED, OUTPUT);
    pinMode(BEEP, OUTPUT);
    dht.begin();
    lcd.begin(16, 2);
    lcd.setCursor(2, 0);
    lcd.print("TEMPERATURE & ");
    lcd.setCursor(0,1);
    lcd.print("HUMIDITY MONITOR");
    delay(3000);
}


void loop() {
    // put your main code here, to run repeatedly:
    lcd.setCursor(0, 0);
    lcd.clear();
    temp = dht.readTemperature();    //读取温度值
    humd = dht.readHumidity();        //读取湿度值
    lcd.print("Temperature=");
    lcd.print(temp, 1);
    lcd.write(0B11011111);
    lcd.write(0B01000011);            //显示摄氏度符号
    lcd.print(" ");
    lcd.print("Humidity=");
    lcd.print(humd, 1);
    lcd.print('%');
    for(int i=0; i<24; i++){
        lcd.scrollDisplayLeft();
        delay(500);
    }

    lcd.clear();
    lcd.setCursor(0,0);
    lcd.print("T:");
    lcd.print(temp,1);
    lcd.write(0B11011111);
```

```
        lcd.write(0B01000011);              //显示摄氏度符号
        lcd.print(" ");
        lcd.print("H:");
        lcd.print(humd, 1);
        lcd.print('%');
        delay(3000);

        htIndex = dht.computeHeatIndex();
        if(htIndex <=80)
        {    //热指数值处于安全范围内
            digitalWrite(ALARM_LED, LOW);
            digitalWrite(BEEP, LOW);
            lcd.setCursor(0,1);
            lcd.print("HtIndx=");
            lcd.print(htIndex,0);
            lcd.print(" :SAFE");
        }
        else if(htIndex >80 && htIndex <= 101)
        {    //热指数值处于不适范围内
            digitalWrite(ALARM_LED, HIGH);
            digitalWrite(BEEP, LOW);
            lcd.setCursor(0,1);
            lcd.print("HtIndx=");
            lcd.print(htIndex,0);
            lcd.print(" :WARN");
        }
        else if(htIndex > 101){        //热指数值处于危险范围内
            digitalWrite(ALARM_LED, HIGH);
            digitalWrite(BEEP, HIGH);
            lcd.setCursor(0,1);
            lcd.print("HtIndx=");
            lcd.print(htIndex,0);
            lcd.print(":DANGER");
        }
        delay(3000);
    }
```

注：这部分代码的编号为 tmp_hm_LCD1602。各位读者可以开动脑筋，尝试更多更好的方法来实现更加优秀的文字显示效果。

本 章 练 习

　　LCD1602 虽然是一款经典的显示器件，但只要你敢于创新，勇于尝试，同样可以创造出令人惊艳的显示效果。显示效果并无绝对标准，只要是自己满意并认可的，那便是最佳的。因此，请读者亲自动手练习，探索并开发出独具一格的显示效果，充分展现个人创意与实力。

第 11 章　超声波测距传感器

11.1　器件介绍

在人们发现蝙蝠可以通过超声波来确定障碍物到自身的距离以及障碍物的轮廓形状后，科研人员对其中的科学原理进行了深入研究。在研究结果的基础上，科研人员研发了各种基于超声波原理工作的科研和工程设备，如超声波测距传感器、超声波探伤传感器、超声波清洗设备、超声波除锈设备等。各类超声波器件被广泛应用在军事、工业和生活的各个领域中。本章将要介绍的 HC-SR04 超声波测距传感器就是其中的一员。HC-SR04 超声波测距传感器的工作原理直接借鉴了蝙蝠利用超声波测量障碍物的原理，可以说是仿生学应用到科学工程设计中的经典成功案例。

HC-SR04 超声波测距传感器(在后面文中简称为 HC-SR04)是一款设计相当成熟且性能稳定的测距传感器。它的成本低廉，是嵌入式系统初学者和爱好者的最佳选择，它的实物图如图 11.1 所示。

图 11.1　HC-SR04 的实物图

HC-SR04 共有 4 个引脚。其中，VCC 和 GND 分别是电源的正极引脚和负极引脚，为传感器提供 5 V 工作电压；TRIG 引脚为触发信号引脚，控制 HC-SR04 发出超声波；ECHO

引脚为信号返回引脚，超声波测量的结果将从这个引脚输出，并传递给控制它的单片机或嵌入式系统。

在工作时，与 TRIG 引脚相连的单片机或嵌入式系统先将 TRIG 引脚的电平拉低，随后将其拉高，持续至少 10 μs 的时间，再次将其拉低，这样就向 TRIG 引脚输入了一个宽度大于 10 μs 的高脉冲信号。这个信号会触发 HC-SR04 内部的振荡电路连续发出 8 个频率为 40 kHz 的方波信号。这些方波信号驱动左侧的超声波探头 T 中(实物图中标有 T 字样的超声波探头)的振动片振动，从而发出超声波。超声波探头 T 向正前方发出超声波后，超声波遇到前方的障碍物后会被反射回来，然后被右侧的超声波探头 R(实物图中标有 R 字样的超声波探头)接收。超声波探头 R 在接收到反射回来的超声波后，ECHO 引脚输出一个高电平信号。高电平信号持续的时间长度就是超声波从发出到返回所需的时间。

超声波也是声波的一种，因此我们可以根据声波在空气中的传播速度计算出超声波测距传感器到障碍物的距离。

设超声波测距传感器到障碍物的距离为 s，ECHO 引脚发出的信号的时间长度为 t，声波在无风环境中的传播速度 v 约为 340m/s。超声波测距传感器发出的超声波从超声波探头发出，遇到障碍物后返回超声波探头，所以其行程为 2 倍的 s。这个行程值可以通过超声波速度 v 乘以时间 t 得出，因此得到下式：

$$s = \frac{v \times t}{2} \tag{11.1}$$

将声波的速度 $v = 340$ m/s 代入式(11.1)，得

$$s = \frac{340 \times t}{2} \tag{11.2}$$

化简后得

$$s = 170\ t \tag{11.3}$$

式中，s 的单位为 m，t 的单位为 s。

由于 HS-SR04 的测量距离有限，因此将距离的单位选用 cm 比较合适。为了计时精度，我们通常将计时的单位选为 μs，则由式(11.3)可得到以下两个式子：

$$s = 0.017 \times t \tag{11.4}$$

$$s \approx \frac{t}{59} \tag{11.5}$$

式(11.4)和式(11.5)中距离 s 的单位为 cm，时间 t 的单位为 μs。

HC-SR04 和其他传感器一样，在使用时有一定的限制和注意事项，具体如下：

(1) HC-SR04 的测量距离范围为 2～450 cm。如果被测物体到 HC-SR04 的距离接近测量距离范围的上限或者下限，那么测量结果的误差往往就会变得比较大。尽管在实际测量前就能判断出 HC-SR04 到被测物体的距离这一结论是一个明显的悖论(因为如果能判断出 HC-SR04 到被测物体的距离，那么就无须测量)，但是我们仍然可以在大多数情况下凭借以往的应用经验来对测量环境进行评估，确保 HC-SR04 的测量结果不接近其测量范围的极限，从而使测量结果比较可靠。

至于如何量化测量结果的可信度，这已经超出了本书所介绍的知识范围，因此在此不做深入探讨。读者如需了解更多关于测量误差和精度评估的内容，建议查阅相关领域的专业书籍或咨询相关领域的专家。

(2) HC-SR04 的测量精度为 0.3 cm。这个测量精度使得 HC-SR04 适用于小车避障等应用场景，但是并不适合需要高精度测量的领域。

(3) 采用 HC-SR04 进行测距时，被测物体的面积不能小于 0.5 m^2，并且其表面应该尽量平整，否则测量结果的准确性可能会受到影响。

(4) HC-SR04 的测量方向为其超声波探头的正对方向，其水平方向的信号拾取夹角为 15°。HC-SR04 也有调高接收增益的版本，其测量距离可以达到 7 m，但是其水平方向的信号拾取夹角扩大为 30°。这个版本的 HC-SR04 更加容易受到干扰而拾取到假信号，因此，其实用性不如普通版本 HC-SR04 的好。

(5) 利用 HC-SR04 对其到障碍物的距离进行测量是基于声音在空气中的传播速度恒等于 340 m/s 来进行计算的。实际上，声音在空气中的传播速度并不恒定，空气的温度、湿度和密度等都会对声音的传播速度产生影响，因此，使用 HC-SR04 进行精确测距很困难，且对环境的要求很苛刻。如果 HC-SR04 部署在室外环境中，那么风对声音传播速度的影响更大，风速和风向的变化都会对超声波的传播速度产生影响。因此，在环境参数有变化的情况下使用 HC-SR04 测量距离时，要考虑相应的容差范围和误差修正机制。

11.2　相关知识介绍

11.2.1　超声波的原理、特点及应用

超声波在本质上和声波一样，都是以振动形式传播的弹性机械波。超声波的传播需要介质，例如空气、液体、固体等。由于人类能够听见的声音频率的上限是 20 kHz，超过了这个上限的振动波，人类是无法听到的，所以，人们将振动频率超过 20 kHz 的振动波统称为超声波。因此超声波其实是一大类振动波的总称。

在自然界中，有很多动物具备发射和接收超声波的能力，其中最为人熟知的便是蝙蝠。蝙蝠是哺乳纲翼手目动物的总称。它们通过发射超声波并接收其反射回来的回声，得以在黑暗中自由飞行，巧妙地避开各种障碍物，并精确地捕捉各种昆虫。

有趣的是，由于蝙蝠能在黑夜中自由活动，不需要依赖视觉来辨识障碍物和猎物，因此人们常常误以为所有蝙蝠都是盲的。然而，事实上，只有少数蝙蝠的视力不佳，许多蝙蝠的视力相当好。更值得一提的是，蝙蝠相较于人类，其眼睛还具有分辨紫外线的能力。蝙蝠(翼手目)、啮齿类以及有袋目动物是目前已知的具有紫外视觉的哺乳动物。

超声波除了具有和声波相同的特点，还有一些其独有的特点，具体如下。

(1) 超声波在发射时展现出很好的定向传播特性，即超声波可以像一束光一样定向发射出去，该特性简称为束射。超声波的波长越短，其定向传播特性越显著。

(2) 超声波和声波一样，在传播过程中会出现能量衰减。但是，由于超声波的振动频

率高于声波的频率，因此超声波的传播距离远小于声波的传播距离。频率越高的超声波，其携带的能量越大，因此在传播过程中也就衰减得越厉害。当超声波的频率达到一定值时，其在空气中的传播距离甚至以厘米或者毫米计。

(3) 超声波在液体中作用时可以产生"空化"效应。"空化"效应是指液体在超声波的振动作用下，局部很小的范围内出现密度分布不均，从而产生汽化的空泡。空泡在破裂的瞬间可以释放出极高的温度和气压。虽然这种效应有时会产生不利影响，但也可以被有效利用。科学家们基于"空化"效应的原理开发出了很多加工工艺和仪器设备，具体如下。

① 超声波加湿器振动片：可以在常温下将水雾化，常用于空气加湿器或者医用雾化器中。

② 超声波乳化装置：可以将水和油加工成乳化混合物。

③ 超声波萃取装置：可以从药材中提取出有效的药物成分，常用于药剂的制备和提纯。

④ 超声波清洗装置：可以用于各种物品的清洗。

⑤ 超声波焊接装置：可以用于金属材料的焊接。

⑥ 超声波探伤装置：可以用于测量非可视状态下的金属裂痕，特别适用于探测舰船等大型设备的内部探伤以及天然气和石油管道内部的裂痕探测。

⑦ 超声波除垢装置：可以清除锅炉等封闭物品内部的水垢。

⑧ 超声波碎石设备：可以在不动手术、不伤害病人的情况下击碎病人体内的结石，让碎石自然排出体外。

11.2.2　pulseIn( )函数

pulseIn()函数的作用是检测某个引脚上是否出现了高电平或低电平脉冲，并在脉冲出现时开始计时，到脉冲结束时停止计时。停止计时后，该函数返回计时时长，计时单位为 μs。如果出现三种特殊情况，即在设定的等待时间内没有检测到指定的高电平或低电平脉冲信号，或者脉冲宽度低于函数设定的下限值，或者脉冲宽度高于函数设定的上限值，那么该函数将返回 0。pulseIn()函数能够测量的脉冲宽度范围为 10 μs～3 min，脉冲宽度超出这个范围的脉冲无法被测量。

pulseIn()函数有两种调用形式。第一种调用形式为

pulseIn(pin, value);

这种调用形式有两个参数。其中，第一个参数 pin 为被测引脚的引脚号，数据类型为 int 类型；第二个参数 value 用来指明要检测的脉冲是高电平还是低电平，取值为 HIGH 或者 LOW。在这种调用形式下，pulseIn()函数会等待 1 s，如果在 1 s 内没有检测到有效的脉冲，那么该函数将返回 0 作为检测结果。

第二种调用形式为

pulseIn(pin, value, timeout);

这种调用形式有三个参数。其中，前两个参数的作用与第一种调用形式中两个参数的作用相同；第三个参数 timeout 用来设置函数等待脉冲到来的时间，数据类型为 unsigned long 类型，参数的取值范围为 0 ～ 4 294 967 295，单位为 μs。在设定的等待时间内，如果没有检测到有效的脉冲，那么 pulseIn()函数将返回 0 作为检测结果。

11.3　电路连接、代码编写及解析

在超声波测距电路的设计方案中，我们采用第 10 章中介绍的 LCD1602 液晶屏来显示测得的距离。LCD1602 的连接方案仍然采用 6 个引脚的连接方案，即 LCD1602 的 RS 引脚与 UNO 的 12 号引脚相连，EN 引脚与 UNO 的 10 号引脚相连，DB4、DB5、DB6、DB7引脚分别与 UNO 的 6、5、4、3 号引脚相连。

HC-SR04 的电源引脚与 5 V 电源相连，接地引脚与公共地相连，TRIG 引脚与 UNO 的A0 引脚相连，ECHO 引脚与 Aruino 的 A1 引脚相连。

超声波测距电路连接图如图 11.2 所示。

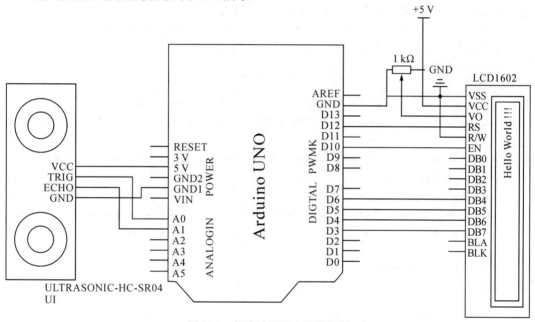

图 11.2　超声波测距电路连接图

接下来我们开始进行代码功能的规划和编写。代码在功能上分为两大部分：一部分是液晶屏显示，另一部分是超声波测距。

首先，在代码文件开头部分加上 LCD1602 的引脚定义和实例化代码，具体如下：

```
//定义 LCD1602 的引脚
#include <LiquidCrystal.h>
const int rs = 12, en = 10, d4 = 6, d5 = 5, d6 = 4, d7 = 3;     //定义液晶屏的各个引脚
LiquidCrystal lcd(rs, en, d4, d5, d6, d7);
```

然后，在 setup()函数中加入 LCD1602 的初始化和显示设置代码，具体如下：

```
lcd.begin(16, 2);
lcd.setCursor(4,0);
```

```
lcd.print("DISTANCE");
lcd.setCursor(4,1);
lcd.print("DETECTOR");
delay(3000);
```

建议读者先将电路连接好，然后将以上代码上传到 UNO 中。如果在 LCD1602 的屏幕上正确显示出"DISTANCE"和"DETECTOR"的字符串，则说明电路连接无误。如果看到的结果与我们的预期不一致，那么就应该检查电路连接是否有误，LCD1602 的 VO 引脚上连接的可调电阻是否调到合适阻值，以及元器件是否已经损坏等。直到在屏幕上看到预期的结果后，我们才能进行下一步的代码编写和调试。

接下来，我们对 HC-SR04 的引脚进行预定义，定义 TRIG 引脚与 UNO 的 A0 引脚相连，ECHO 引脚与 Arduino 的 A1 引脚相连，代码如下：

```
//HC-SR04 的引脚连接定义
#define TRIG A0
#define ECHO A1
```

在 setup()函数中，将 A0 引脚定义为数字输出引脚，A1 引脚定义为数字输入引脚，代码如下：

```
pinMode(TRIG, OUTPUT);
pinMode(ECHO, INPUT);
```

利用 loop()函数发出一个宽度为 1 ms 的高电平脉冲，代码如下：

```
digitalWrite(TRIG, LOW);
delay(1);
digitalWrite(TRIG, HIGH);
delay(1);
digitalWrite(TRIG, LOW);
```

使用一个 unsigned long 类型的变量来存储返回的脉冲宽度，代码如下：
```
unsigned long times = pulseIn(ECHO, HIGH);
```
使用一个 float 类型的变量来存储计算出来的距离，代码如下：
```
float distance = 0.017*times;
```
最后，将计算得到的距离值显示在 LCD1602 的屏幕上。为了使显示结果稳定，每次显示后延迟 3 s，然后再进行下一次的距离计算和显示，代码如下：

```
lcd.clear();
lcd.setCursor(0, 0);
lcd.print(distance);
```

delay(3000);

实现上述功能的完整代码如下：

```
//定义 LCD1602 的引脚
#include <LiquidCrystal.h>
const int rs = 12, en = 10, d4 = 6, d5 = 5, d6 = 4, d7 = 3; //定义液晶屏的各个引脚
LiquidCrystal lcd(rs, en, d4, d5, d6, d7);

//HC-SR04 的引脚连接定义
#define TRIG A0
#define ECHO A1

void setup() {
    // put your setup code here, to run once:
    lcd.begin(16, 2);
    lcd.setCursor(4,0);
    lcd.print("DISTANCE");
    lcd.setCursor(4,1);
    lcd.print("DETECTOR");
    delay(3000);
    pinMode(TRIG, OUTPUT);
    pinMode(ECHO, INPUT);
    Serial.begin(9600);
}

void loop() {
    // put your main code here, to run repeatedly:
    digitalWrite(TRIG, LOW);
    delay(1);
    digitalWrite(TRIG, HIGH);
    delay(1);
    digitalWrite(TRIG, LOW);
    unsigned long times = pulseIn(ECHO, HIGH);
    Serial.println(times);
    float distance = 0.017*times;
    lcd.clear();
    lcd.setCursor(0, 0);
    lcd.print(distance);
```

```
    delay(3000);
}
```

注：上述完整代码的编号为 ultrasonic_HC-SR04。

本 章 练 习

　　超声波测距的精度不仅受到空气温度、湿度和密度的影响，同时还会受到被测物体表面状况的影响。各位读者可利用已完成的电路对不同材质和表面状况的物体进行测试，以观察并分析产生的误差大小。在完成测试后，请根据实验结果进行归纳总结，分析表面光滑的物体、表面多孔的物体、表面柔软多毛的物体以及表面坚硬但不平整的物体在采用超声波测距时可能产生的误差范围。

第 12 章   实现舵机控制

12.1   器 件 介 绍

舵机是一种可控制转动角度的特殊电机。普通电机的工作方式是：在接通电源后，电机将围绕中心轴连续旋转，电压的高低决定了普通电机的转速快慢。而舵机的工作方式与普通电机的工作方式不同，除了电源连接线，舵机还需要一根控制信号线(有的舵机并未直接引出连线，而仅预留了引脚接口，sg90 舵机引出的电源线、控制信号线和接地线均为连线，因此在后文中统一称为连线或线)。这根控制信号线用于接收脉冲信号。用户可以利用改变脉冲信号宽度的方式来控制舵机轴的旋转角度。舵机的应用范围很广，其可以应用在大型工控设备、工业机器人、儿童玩具、日常家用电器等多种电气设备上。本章要介绍的 sg90 舵机如图 12.1 所示。

图 12.1   sg90 舵机

大多数舵机只有三根连线：电源线、接地线和控制信号线，我们在本章中要学习的 sg90 舵机就是这样的。sg90 舵机具有以下特点。

(1) sg90 舵机的电源线为红色，接地线为棕色，控制信号线为黄色。

(2) sg90 舵机的工作电压范围为 4.8～6 V。尽管 sg90 舵机在高于 6 V 的电压下也可以工作，但是这会明显缩短其使用寿命，所以不建议读者在超过额定电压的情况下使用它。

(3) sg90 舵机重量为 9 g，它的名字中的 90 即来源于此。

(4) 常见的 sg90 舵机的转动角度范围为 0°～180°，也有少部分 sg90 舵机的转动角度范围不是这个范围(如 0°～90°，0°～270°)，所以读者在购买时要注意甄别。

（5）sg90 舵机的工作温度范围为 0～55℃，若超出此范围使用，可能会因温度过高或过低导致它的齿轮组咬合不良，进而降低转动精度并增加磨损。因此，请确保在适宜的温度环境下使用 sg90 舵机，以保证其正常工作和正常使用寿命。

（6）sg90 舵机的控制信号是周期为 20 ms 的 PWM 信号。与舵机相连的 MCU 通过调整 PWM 信号的高电平脉冲宽度来控制舵机的转向。高电平脉冲宽度的有效范围为 0.5～2.5 ms，转动角度范围为 0°～180°。转动角度 A 与高电平脉冲宽度 W 之间的关系为线性关系，其计算表达式如下：

$$A = 180 \times \frac{W - 0.5}{2} \qquad (0.5 \text{ ms} \leqslant W \leqslant 2.5 \text{ ms}) \tag{12.1}$$

（7）sg90 舵机是模拟舵机，这意味着若要使舵机轴保持在某个固定角度，需持续向控制信号线发送特定脉冲宽度的周期信号。数字舵机则不同，只需发送一次 PWM 信号，控制数据就会被保存，从而使舵机轴保持在固定位置，直至 sg90 舵机接收到下一个有效的 PWM 信号。

（8）sg90 舵机在无负载状态下的转动速度为 0.002 s/(°)。也就是说，如果在无负载的状态下，转动 30° 需要 $0.002 \times 30 = 0.06$ s，转动 90° 需要 $0.002 \times 90 = 0.18$ s。转动其他角度所需时间如此类推。但这个值可能会由于不同厂家的加工精度和加工工艺不同而出现变化。

（9）当工作电压为 4.8 V 时，sg90 舵机的扭矩为 1.5 kg/cm。这个值可能会由于不同厂家的加工精度和加工工艺不同而出现变化。

12.2　相关知识介绍

12.2.1　舵机的工作原理

舵机内部有一个基准电压产生电路，这个电路的作用是产生一个用于比较的恒定不变的电压，称为基准电压。MCU 向舵机发送的控制信号是周期不变但占空比变化的时钟信号。这个信号进入舵机后，会经过直流偏置电路而产生一个偏置电压。偏置电压与基准电压比较后，舵机的控制电路根据偏置电压与基准电压的差值大小来控制舵机轴的旋转。当舵机轴旋转到某个特定角度时，偏置电压与基准电压的差值归零，此时，舵机轴停止转动，并保持在当前位置。

舵机主要分为两类。一类是固定位置型舵机，其舵机轴可以转动至特定角度并保持不变。这类舵机具有固定的转动范围，如 0°～90°、0°～180°、0°～270° 等。我们在本章将使用的 sg90 舵机就属于此类。另一类是连续转动型舵机，其舵机轴可以像普通电机一样连续转动。尽管连续转动型舵机不能像固定位置型舵机那样精确地控制转动角度，但它可以精准地控制自身的转速。

舵机的内部控制是通过齿轮、基准电压产生电路、调压电路和电压比较电路来实现的。PWM 信号产生的电压与基准电压比较后，产生的结果驱使齿轮转动，直到电压比较结果相等，舵机轴停在相应位置。齿轮的齿数和精度、各个电路的精度共同决定了舵机的误差大小。不同类型的舵机由于其误差和力矩的不同，价格差异很大。因此，在选择舵机时，需要综合考虑多方面的因素，例如价格、误差大小、体积、力矩、供电需求等。但是值得注意的是，越精准的舵机往往就越脆弱。因此，在使用舵机时，应避免其承受超出能力范围的负担，以免导致舵机损坏。

12.2.2　PWM 信号

脉宽调制(PWM)是一种用数字信号来模拟产生连续模拟信号效果的控制信号输出方式。下面我们用一个例子来说明 PWM 的原理。

如果我们将一个灯泡连到 5 V 供电的电源线和接地线上，那么灯泡会正常亮起。灯泡的电源和接地线之间的电压值如图 12.2 所示。图 12.2 中纵轴表示单位为 V 的电压值，横轴为单位 s 的时间值。

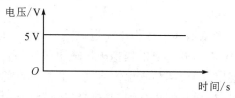

图 12.2　灯泡的电源与接地线之间的电压值

但是在灯打开一段时间后，我们觉得灯的亮度太高了，需要调低一点。为了简单起见，我们假设灯的亮度与施加在它上的电压成正比。如果我们要将亮度调低一半，那么自然会想到将施加在灯上的电压降低到原来电压的一半，即 2.5 V，如图 12.3 所示。虽然这样的输出效果是最佳的，但是将 5 V 的电压调低到 2.5 V 并不是一件很容易的事情。既要保证电源的功率输出能力不变，又要使电源的输出电压能够随意地调节，这对电路的设计成本和制造成本的要求都比较高。为了降低成本，提升产品的竞争力，就需要一种简单、低成本的替代方法来实现输出电压的任意调节。PWM 正是这样一种方法。

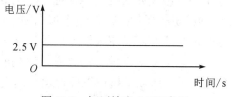

图 12.3　恒压输出 2.5 V 电压

PWM 采用数字电路就可以近似实现模拟电路的电压调节功能，其关键在于"平均化"。数字电路能够成为超大规模集成电路的主流，其中一个重要原因就在于它足够简单，易于复用和扩展，可以极大地降低设计和生产成本。在工作电压为 5 V 的数字电路中，只有两种电压，即 5 V 和 0 V。电路中没有直接输出 2.5 V 电压的功能电路。那么，如何利用 5 V 电压和 0 V 电压来产生与 2.5 V 电压供电相同的效果呢？

想象一下，你在家里突然想喝热水，身为精致主义的你一定要喝水温为 50℃ 的水。如果为此专门去购买一个可以精确加热到 50℃ 后自动停止的热水壶，可能并不划算。那么，怎样可以用最小的代价得到 50℃ 的水呢？方法很简单，你只需要烧开一壶水，然后倒出 1 杯，其水温为 100℃。接着，从冰箱里取一瓶冻成冰水混合物的纯净水，同样倒出 1 杯，其水温为 0℃。当这两杯水混合后，由于它们的温度差异和水量相等，混合后的水温为 50℃。就是这么简单！

　　我想很多读者看到这里已经明白我想说什么了。PWM 的原理很简单，就是通过产生一个周期信号，并调整该信号中高电平(5 V)和低电平(0 V)的比例关系，从而模拟得到 0～5 V 范围内的任何电压效果。例如，如果需要 2.5 V 的电压效果，那么可以产生一个周期性信号，并让一个周期内高电平和低电平的比例关系为 1∶1，即占空比为 50%。输出 2.5 V 电压的 PWM 方案如图 12.4 所示。同理，如果想要得到 3 V 的电压效果，那么调整高电平与低电平的比例关系为 3∶2，即占空比为 60%。期望得到的电压 U 与占空比 B 和高电平 U_H、低电平 U_L 之间的关系如下式：

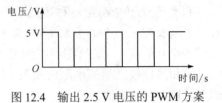

图 12.4　输出 2.5 V 电压的 PWM 方案

$$U = B \times (U_H - U_L) \tag{12.1}$$

　　PWM 给我们提供了一个低成本的模拟电压近似输出方案。但是要注意，这个方案仅仅是一个近似方案。采用 PWM 方式得到的模拟电压输出效果与真实的模拟电压输出效果还是有区别的。因为我们无法像混合两杯水那样将高、低电平均匀混合。例如，在上面所说的调节灯泡亮度的例子中，如果我们将灯泡的供电电压调整到原有电压值的一半，那么灯泡的亮度也会降低到原有亮度的一半(假设供电电压与灯泡亮度呈线性关系，并且亮度恒定不变)。但是如果我们采用 PWM 方式给灯泡供电，用占空比为 50% 的 PWM 信号近似得到一半的电压效果，那么灯泡会在高电平时亮起，在低电平时熄灭，灯光会产生闪烁，无法做到恒定不变。

　　但是，PWM 的这个缺点并不能掩盖其诸多优点。PWM 控制方式从诞生至今已经过去了半个多世纪，它仍然是非常优秀的低成本模拟电压输出方式，而且它的缺点造成的不良影响并不显著。只要 PWM 信号的频率足够高，人眼就无法捕捉到灯泡光线的明暗变化，因此，无论是用 PWM 信号驱动灯泡发光还是用恒定电压驱动灯泡发光，人们感知到的亮度效果是相似的。用 PWM 驱动机电类器件(例如电机)和用恒压驱动机电类器件在效果上也没有任何区别。因为电机转动时有惯性，当控制信号处于低电平时，电机并不会马上停下来，而是在惯性作用下继续转动。在 PWM 信号的频率足够高的情况下，电机还没有来得及减速，就又迎来了下一个高电平，所以电机可以保持恒定速度转动。

12.2.3　Servo 库及功能函数

　　从前面所述可知，控制舵机通常只需要一根控制信号连线，但在控制过程中需要准确地计算转动角度与 PWM 信号占空比之间的关系。如果每个人在使用舵机时都要自己编写一套计算转动角度和占空比关系的转换代码，那么就是重复"造轮子"了。Arduino 贴心地为我们解决了这个问题，Arduino 官方提供的 Servo 库让我们可以轻松地控制市面上已有的绝大多数舵机，而我们所需要做的工作仅仅是调用几个函数而已。

　　Servo 库是一个效率极高的库，它可以用一个定时器资源同时控制多达 12 个舵机。大多数低端的 Arduino 产品都可以控制 12 个舵机，本书中用到的 Arduino UNO 就是如此。一些资源丰富的高端 Arduino 产品可以控制更多的舵机。例如，Mega 2560 可以控制的舵机数量多达 48 个，而 Due 可以控制的舵机数量多达 60 个。

在除 Mega 2560 以外的产品中，当使用 PWM 信号控制舵机时，会占用定时器资源，因此在调用 Servo 库后，9 号、10 号引脚上不能再使用 analogWrite()函数来调用 PWM 功能。

如果使用的是 Mega 2560，那么限制会宽松得多。因为 Mega 2560 具有丰富的资源，如果 Mega 2560 控制的舵机数量不超过 12 个，那么任何引脚的 PWM 功能都不会受到影响；如果 Mega 2560 控制的舵机数量为 12～23 个，那么 11 号和 12 号引脚的 PWM 功能会无法使用。

Servo 库的调用方式很简单，只需要在程序开头包含该库即可，代码如下：

    #include <Servo.h>

下面介绍 Servo 库中控制舵机的功能函数。

1. attach()函数

attach()函数的作用是指定舵机的控制信号连线与 Arduino 的哪一个引脚相连，并设置相关的控制参数。该函数共有两种调用形式。第一种调用形式如下：

    attach(pin);

该调用形式只有一个参数，即与舵机的控制信号线相连的 Arduino 的引脚号。

第一种调用形式的调用实例如下：

    Servo1.attach(9);

其中 Servo1 是已实例化的舵机对象名称。在上面这个例子中，我们将舵机的控制信号线连接到 Arduino 的 9 号引脚上。

第二种调用形式如下：

    attach(pin, min, max);

该调用形式有三个参数。其中，第一个参数 pin 仍然是与舵机的控制信号线相连的 Arduino 的引脚号；第二个参数 min 用于设置当舵机轴处于 0° 位置时 PWM 信号的脉冲宽度，其默认的缺省值为 544，该参数的数据类型为整型，单位为 μs；第三个参数 max 用于设置当舵机轴处于 180° 位置时 PWM 信号的脉冲宽度，其默认的缺省值为 2400，该参数的数据类型为整型，单位为 μs。

如果我们将 0° 位置对应的脉冲宽度设置为 W_F，将 180° 位置对应的脉冲宽度设置为 W_L，那么舵机轴转动角度值 A 与输入信号的脉冲宽度 W_d 的关系表达式为

$$A = \frac{(W_d - W_F) \times 180}{W_L - W_F} \tag{12.2}$$

从公式(12.2)可以看出，在设置完最小角度和最大角度的对应参数后，舵机转动角度的最小精度为 $180/(W_L - W_F)$。需要注意的是，这个精度仅仅是理论精度，实际情况下精度还受到舵机的齿轮组、控制电路及其他因素的影响。

第二种调用形式的调用实例如下：

    Servo1.attach(9, 800, 1160);

在这个实例中，除了依然将舵机的控制信号线连接到 Arduino 的 9 号引脚，还将舵机转动到 0° 位置的脉冲宽度设置为 800 μs，将舵机转动到 180° 位置的脉冲宽度设置为 1160 μs。

2. write()函数

Arduino 的 Servo 库提供了可以直接设置转动角度的函数，让我们可以免于计算舵机转动的目标角度和所需脉冲宽度之间的换算关系。通过直接调用 write()函数，告知系统舵机需要转动的角度，系统会自动计算出所需的脉冲宽度，并通过 attach()函数指定的引脚输出相应的 PWM 信号。

对于常见的 180° 舵机，我们只需在 write()函数中输入一个 0～180 之间的数值就可以让舵机转动到对应位置。例如，要让舵机转到 65° 的位置，代码如下：

　　　　Servo1.write(65);

如果操纵对象是连续转动型舵机，那么我们无法直接控制它的转动角度，但可以控制它的转速，write()函数的参数范围依然是 0～180，但其代表的意义不同：0 表示舵机顺时针转动的最高速度，180 表示舵机逆时针转动的最高速度，其余数值按照其所在区间进行比例换算来得到对应的转向和转速。

3. writeMicroseconds()函数

Arduino 提供了控制舵机转动角度的另一种方式，即调用 writeMicroseconds()函数。调用该函数时，需要给出舵机转动的相对位置，而不需要给出转动角度的具体值。该函数以参数值 1000 作为舵机逆时针转动的最大位置，以参数值 2000 作为舵机顺时针转动的最大位置，舵机转动的相对位置可以利用 1000～2000 这个范围算出来。但是需要注意的是，有些舵机厂家的产品控制参数不一定统一，因此对应的产品也就不支持 1000～2000 这个范围，这一类产品支持的参数范围有可能是 700～2300。某个舵机到底支持哪一种参数范围，其实很容易确定，在两种参数范围内测试舵机的边界值，观察舵机在哪种参数范围内不会卡死即可。例如，如果调用 writeMicroseconds()函数给舵机输入 2300 的参数值，并且舵机在停止转动后持续发出齿轮卡死的"咔咔"声，那么说明舵机无法转到参数指定的位置，也就说明这个参数超出了正常范围，700～2300 参数范围并不适用于这个舵机。

该函数的调用方式如下：

　　　　writeMicroseconds(value);

设舵机逆时针转动的最大角度对应的参数值为 A，顺时针转动的最大角度对应的参数值为 B，需要转动的比例参数为 S，那么函数 writeMicroseconds()的参数 value 的计算公式如下：

$$value = \lfloor S \times (B - A) + A \rfloor$$

式中，$\lfloor\ \ \rfloor$ 为下取整计算。例如，1.3 和 1.8 的下取整计算结果均为 1

例如，舵机的转动范围为 0°～180°，参数 value 的范围为 1000～2000，如果我们想要让舵机转动到三分之一的位置，即 60° 位置，那么写入函数的参数值就应该是

$$value = \lfloor 0.3333 \times (2000 - 1000) + 1000 \rfloor = 1333$$

write Microseconds()函数的调用实例如下：

　　　　Servo1.writeMicroseconds(1333);

4. read()函数

read()函数的功能很简单，就是读取最后一次写入舵机的目标角度值。这个函数的返回

结果与前面介绍的 attach()函数的调用结果有关。read()函数的读取对象为 attach()函数所指定的 Arduino 引脚。例如，如果在声明舵机对象时使用 attach()函数指定了舵机连接到 Arduino 的 9 号引脚，那么调用 read()函数时就会从 9 号引脚读取写入舵机的目标角度值。需要注意的是，read()函数返回的是最后一次通过 write()函数为舵机设置的值，该值并不代表舵机当前的实际角度，因此这个函数并不能用于实时监测舵机轴的精确位置。

read()函数的调用实例如下：

Ang = Servo1.read();

5. attached()函数

attached()函数的作用是检查是否为对应的舵机对象指定了连接的引脚。也就是说，它检查在前面的代码中是否调用了 attach()函数来指明舵机的控制信号线与 Arduino 的某个引脚相连。如果前面代码中指明了舵机的控制信号线和 Arduino 的引脚的连接关系，那么 attached()函数返回 true，反之则返回 false。

需要注意的是，这个函数仅仅检查代码中是否调用了 attach()函数，并不检查实际的电路连接。也就是说，如果我们在代码中为所声明的舵机对象调用了 attach()函数，但是并不进行实际的电路连接，那么 attached()函数的返回值依然是 true。因为 attach()函数的作用仅仅是做代码层面的检查，对于电路层面的故障无能为力。

6. detach()函数

detach()函数的作用是释放舵机所占用的引脚资源，以便这些资源可以被其他功能所使用。

Arduino 的使用环境非常友好，让初学者可以很容易构建电路和编写代码。这是因为 Arduino 的库函数中封装了大量的操作，初学者不需要了解操作的每一个步骤，只需要调用简单的函数就可以实现复杂的功能。Servo 库也是一样，当 attach(pin)函数被调用时，指定的引脚以及和它相关的资源就被 Servo 库占用。这个时候如果我们要用这个引脚来实现其他功能，那么就有可能导致冲突或错误。同样道理，控制舵机需要通过控制信号线向舵机发送控制信号，而控制信号的产生需要占用控制器中的计数器资源。如果 Arduino 在控制舵机的同时还要在其他引脚输出 PWM 信号，那么也会因资源冲突而导致问题。

当所有的舵机都执行 detach()函数后，控制器内部的计数器资源就被释放出来。此时计数器资源可以被其他引脚(如 9 号、10 号引脚)通过调用 analogWrite()函数输出 PWM 信号。

detach()函数的调用实例如下：

Servo1.detach();

12.3　电路连接、代码编写及解析

在本章中，我们将介绍两个电路连接的实例，从简单到复杂，让读者慢慢熟悉多个器件之间的协同工作方式。

12.3.1　简单电路连接实例

在第一个实例中，我们将使用 UNO 来驱动一个 sg90 舵机转动，而不附加其他任何元

器件和模块。UNO 与舵机的电路连接关系如图 12.5 所示。我们将编写程序，使舵机从角度最小值位置开始，顺时针转到最大值位置，然后再从角度最大值位置逆时针转回最小值位置。

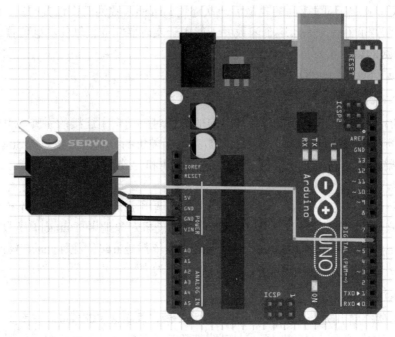

图 12.5　UNO 与舵机的电路连接图

1. 电路连接

在图 12.5 所示的电路连接图中，舵机的接地端与 UNO 的接地端相连，舵机的电源端与 UNO 的 5 V 电压引脚相连，舵机的控制信号线与 UNO 的 6 号引脚相连。需要注意的是，因为舵机是通过 PWM 信号来控制的，所以舵机的控制信号线只能与 UNO 上带有"～"符号的引脚相连。这里的"～"符号表示这个引脚支持 PWM 功能，即可以输出 PWM 信号。

2. 代码编写及解析

要调用 Arudino 的官方 Servo 库来控制舵机工作，必须先完成以下三个关键步骤：一是导入舵机的库文件，二是声明舵机的变量名称，三是指定舵机的控制信号线连接的引脚。只有完成了这三个步骤，UNO 才能控制舵机正常转动。由此，我们得到了一个最简单的舵机控制代码。代码如下：

```
#include <Servo.h>              //导入库文件
Servo servo1;                   //声明舵机变量名为 servo1

void setup() {
    // put your setup code here, to run once:
    servo1.attach(6);           //指定舵机的控制信号线连接 UNO 的 6 号引脚
    servo1.write(0);            //让舵机轴回到初始 0° 位置
```

```
    }

void loop() {
    // put your main code here, to run repeatedly:
    servo1.write(0);                        //让舵机轴转动到 0° 位置
    servo1.write(180);                      //让舵机轴转动到 180° 位置
    }
```

注： 上述代码的编号为 servo_simple_0。

按照我们的预期，在 setup()函数中，舵机轴回到了 0° 位置。接着，在无限循环的 loop()函数中，舵机轴先转动到 0° 位置，再转动到 180° 位置，然后 loop()函数重新执行，舵机轴又回到 0° 位置，如此反复。各位读者在此可以暂停一下，将上述代码输入 Arduino IDE 中，并烧写到 UNO 中，观察执行结果，并根据看到的现象判断是否实现了我们的目的。如果实现了，那么思考一下是否有不完善的地方；如果没有实现，那么仔细思考没有实现的原因，问题出在哪里？

我们可以看到，将上面的代码上传到 Arduino UNO 并运行后，舵机轴并没有按照我们的意图在 0° ～180° 之间来回转动。舵机轴只是在中间某个位置来回小幅度地转动，远达不到 0° 和 180° 的位置。这是什么原因造成的呢？根本原因是指令的执行速度太快，而舵机轴的转动速度太慢，二者之间存在着巨大的速度差。

当 UNO 指令执行完第一条 write(0)指令后，舵机轴开始向 0° 位置转动。但是对于 UNO 来说，在发出控制信号后，它就认为这条指令执行完毕了，而此时舵机轴可能才刚刚沿着顺时针方向转动了一点，远远没有达到 0° 位置。紧接着，UNO 又开始执行第二条 write(180)指令，命令舵机轴向 180° 位置转动，舵机轴只能从当前位置又开始沿着逆时针方向转动。但是此时，loop()函数又从头开始执行，UNO 告诉舵机，现在需要重新将舵机轴转向 0° 位置，舵机轴只好又向相反方向转动。就这样，舵机轴在频繁切换的 0° 位置和 180° 位置两个目的地之间来回改变转动方向，但是永远也到达不了目的地。

问题的原因很明显，即舵机轴内部的机械传动速度远远跟不上代码的执行速度。那么该如何解决这个问题呢？笔者提供了一种解决方案，抛砖引玉，希望读者能够在此基础上发现更好的解决方案。

解决方案很简单，既然舵机的转动速度比不上 UNO 的执行速度，那么就让 UNO 在每次向舵机发送一条指令后，等待足够长的时间，以确保舵机可以完成转动并到达指定位置后，然后再发送下一条指令。

那么，到底应该等待多久，才能确保舵机完成一次转动呢？这就要用到在 12.1 节中介绍的一个参数，即舵机在无负载情况下的转动速度。当然，这个参数只能作为参考，因为在实际应用时，舵机往往是带有负载的。但是由于厂家无法预测舵机的实际应用场景、负载重量、负载类型，所以无法给出带负载情况下的转动速度。我们只能根据舵机在无负载情况下的转动速度来进行估算，并在设置等待时间时加入一定的冗余量来保证舵机的操作能够顺利完成。

sg90 舵机在无负载状态下的转动速度为 0.002 s/(°)，由于舵机的最大转动范围为 0° ～

180°，因此舵机在无负载状态下的最长转动时间为 $0.002 \times 180 = 0.36$ s。同时由于舵机可能带有负载，因此给它留出 0.14 s 的余量，设定等待时间为 0.5s。把 delay()函数加入代码中后，完整代码如下：

```
#include <Servo.h>              //导入库文件
Servo servo1;                   //声明舵机变量名为 servo1

void setup() {
    // put your setup code here, to run once:
    servo1.attach(6);           //指定舵机的控制信号线连接 UNO 的 6 号引脚
    servo1.write(0);            //让舵机回到初始 0° 位置
}

void loop() {
    // put your main code here, to run repeatedly:
    servo1.write(0);            //让舵机轴转动到 0° 位置
    delay(500);                 //等待 500 ms
    servo1.write(180);          //让舵机轴转动到 180° 位置
    delay(500);                 //等待 500 ms
}
```

注：这段代码的编号为 servo_simple_1。

将上述代码下载到电路中，观察电路的运行结果。我们可以看到，在加入了两个 delay()函数后，舵机轴可以在 0°～180° 之间正常地来回转动。给舵机轴装上支架后，可以清楚地看到支架在 0°～180° 之间来回摆动。

但是这个解决方案还不够优化。因为在转动过程中，舵机轴是以最高速度转动的。在常见的舵机应用中，舵机往往都是带有负载的。如果负载的重量比较大，那么舵机在带动负载做高速转动时就会带来较大的动量。在舵机轴转到目标位置后，舵机停止转动，而较重的负载由于惯性的作用会带动舵机轴和支架继续转动。这样可能造成舵机的转动位置发生偏移，严重时可能会使舵机受损。因此，在实际应用中，应该在满足应用需求的前提下，尽量降低舵机的转动速度，这样能减少舵机的损耗，延长舵机的使用寿命，同时也能保证舵机转动角度的准确性。

因为舵机在无负载状态下的转动速度为 0.002 s/(°)，所以我们将它的转动速度降低一半，让它的转动速度变为 0.004 s/°，所以舵机从 0° 位置转动到 180° 位置需要的总时间为 $0.004 \times 180 = 0.72$ s。那么该如何修改代码呢？是不是将 delay()函数中的参数值改为 720 就好了呢？

仅仅修改 delay()函数的参数值并不能降低舵机的转动速度。由于我们能够给舵机传递的控制信号是有限的，因此并不能让它以我们想要的速度转动。我们只能告诉舵机目标角度是多少，然后舵机就会以最高速度朝目标角度转动。为了让舵机的转动速度降下来，我们需要将舵机的行程分为多段，并控制每一段的延时时间长度。因为舵机的运动过程分为"静止→加速→最高速→减速→停止"几个阶段，所以我们只要控制好分段时间的长短，让舵机刚刚进入加速阶段，还没有到达最高速阶段时就开始减速，那么舵机的转动速度就不会很快，舵机也就始终处于低速状态。

在此，笔者提供一个方案，即用 for 循环来实现。读者也可以给出自己独创的实现方案。

为了将舵机的行程分为多段，我们需要声明一个 int 类型的变量，命名为 tmpTgt，用来存储舵机的下一个目标角度值。这个变量所存储的数据的变化规律与我们所设定的分段策略有关。舵机的转动范围为 0°～180°，如果我们把这段行程分为 10 段，那么每一段的行程就是 180/10＝18°。此时变量 tmpTgt 的数值就应该从 0° 开始，每次增加 18°。如果我们要把总的行程分为 18 段，那么每一段的行程就是 180/18＝10°，此时变量 tmpTgt 的数值就应该从 0° 开始，每次增加 10°。

对舵机行程的分段是不是越多越好呢？从理论上来说，的确是这样，分段越多，对舵机的控制就会越精准。但是，由于机械动作都具有迟滞性和惯性，当分段多到一定程度时，舵机的运转效果就不会有显著提升。而且，分段越多，对舵机的控制和调整越频繁，也就会占用更多的计算资源。所以在确定分段数量时的原则仍然是，在满足需求的前提下，越简单越好。

由于图 12.5 中的电路目前并没有具体的应用场景，且舵机的支架上也没有带任何负载，因此我们就假设将舵机的行程分为 18 段，每段的行程为 10°。为了让舵机能够正确地计算分段信息，我们再加入一个 int 类型的变量，命名为 cnt，用来记录当前舵机处于哪一个段，代码如下：

```
int tmpTgt = 0;        //用于存储下一个目标角度值
int cnt = 0;           //段数计数
```

尽管我们在声明变量的时候给变量赋予了初始值 0，但是养成好的编写代码习惯会为我们将来的工作减少很多隐患。所以建议大家在 setup() 函数中再次为变量设置初始值。

在第一个 for 循环中，让 cnt 每次加一，从 0 逐次增加到 18。因为我们将舵机的总行程分为 18 段，每段的行程为 10°，所以每次循环我们会将 tmpTgt 赋值为 cnt*10 并将 tmpTgt 的值用 write() 函数发送给舵机。由于想要每段行程的转动速度为 0.004 s/(°)，因此在每一段行程的控制命令发出后，都要延时 0.004×10＝0.04 s，也就是 40 ms。这个循环的功能是控制舵机轴从 0° 位置转动 180° 位置。当这个 for 循环结束时，舵机已经转动到了 180° 位置。

在第二个 for 循环中，我们的目标是让舵机轴从 180° 位置回到 0° 位置，其思路和第一个 for 循环的类似，只是让 cnt 从 18 开始逐次减一，直到减到 0。并且在每一次 cnt 减一后，随之调整舵机轴的位置就行了。

实现上述功能的完整代码如下：

```
#include <Servo.h>        //导入库文件
Servo servo1;             //声明舵机变量名为 servo1
int tmpTgt = 0;           //用于存储下一个目标角度值
int cnt = 0;              //段数计数
```

```
void setup() {
    // put your setup code here, to run once:
    servo1.attach(6);              //指定舵机的控制信号线连接 UNO 的 6 引脚
    servo1.write(0);               //让舵机回到初始 0° 位置
    tmpTgt = 0;                    //变量值复位为 0
    cnt = 0;                       //变量值复位为 0
}


void loop() {
    // put your main code here, to run repeatedly:
    for(cnt = 0; cnt <= 18 ; cnt++){
        tmpTgt = cnt * 10;
        servo1.write(tmpTgt);
        delay(40);
    }
    for(cnt = 18; cnt >= 0 ; cnt--){
        tmpTgt = cnt * 10;
        servo1.write(tmpTgt);
        delay(40);
    }
}
```

12.3.2　复杂电路连接实例

接下来，我们开始设计一个较为复杂的电路系统。

我们设定一个场景：方块世界中有两个国家，分别叫作甜方国和咸圆国，这两个国家发生了冲突。咸圆国的军队请求我们作为开发人员为他们开发一种阵地雷达。这种雷达将被安放在阵地的最前方，可以 24 小时不间断地扫描它周围的一切物体。一旦阵地雷达发现某个物体与其之间的距离小于预设的安全距离，该雷达就发出警报。

阵地雷达位置示意图如图 12.6 所示。

由于需要测量阵地雷达与周围物体之间的距离，因此可以利用前面章节介绍的超声波测距传感器。超声波测距传感器可以很方便地测量其与附近块状物体之间的距离，但是超声波测距传感器只能测量其与超声波探头正对方向物体之间的距离。按照方块小人们的需求，我们至少需要监测一个接近或者超过 180° 的弧面内的物体。

图 12.6　阵地雷达位置示意图

那么如果将很多个超声波测距传感器排成一排，能否满足需求呢？从理论上来说是可以满足需求的，但是这种做法有以下几个方面的缺点。

(1) 成本过高。虽然一个超声波测距传感器的测量距离可以达到 4 m 以上，但即使方块小人们的个头很小(比如乐高小人的大小)，我们只需要监测 0～30 cm 范围内的动静，也需要使用几十个超声波测距传感器才能覆盖 30 cm 的阵地前沿的所有区域，这样的成本是难以承受的。

(2) 系统的可靠性难以保证。当超声波测距传感器在发射超声波时，其并不是在一个垂直向前的柱状通道中发射的。超声波作为声波的一种，它也会向左右两侧扩散。如果超声波测距传感器排布得过于密集，那么相邻的超声波发射器和接收器之间可能会互相干扰，导致监测结果出错。如果超声波测距传感器排布得较为稀松，那么有可能出现无法监测到的盲区。

(3) 系统调整困难。一旦需求发生变化，调整整个系统会很困难。无论是增加或减少超声波测距传感器的个数，还是重新排布超声波测距传感器的位置，或者是根据调整后的硬件系统重新编写程序，都需要耗费极大的人力和物力。

将舵机和超声波测距传感器组合在一起，就可以实现一个成本低、探测范围大且位置很容易调整的阵地雷达系统。虽然这个系统不能在同一时刻监测所有位置，但是只要舵机带动超声波测距传感器转动的速度远远大于方块小人们的移动速度，那么在阵地雷达的监测范围内就不会出现漏网之鱼。

1. 电路连接

按如图 12.7 所示的阵地雷达系统连接图连接舵机、超声波测距传感器和 UNO，构造一个简易的阵地雷达系统。

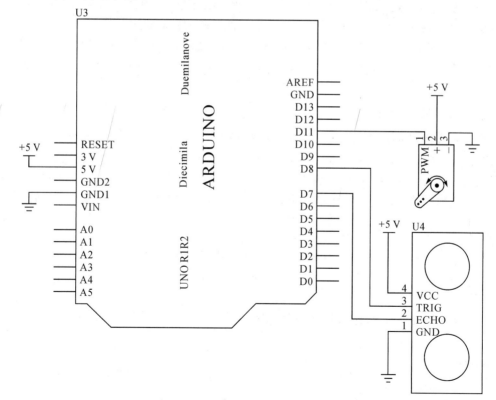

图 12.7　阵地雷达系统连接图

将超声波测距传感器的支架用螺丝固定在舵机的摇臂上，这样舵机在转动时就可以带动超声波测距传感器一起转动，从而实现对一个大的扇形区域的监测。舵机与超声波测距传感器的连接方式如图 12.8 所示。

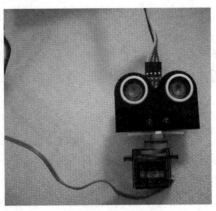

图 12.8　舵机与超声波测距传感器的连接图

舵机和超声波测距传感器的工作电压都是 5 V，因此两者的电源端都需要连接至 5 V 电压端和接地端。5 V 电源端和接地端可以分别连接到 UNO 的 5 V 引脚和 GND 引脚，也可以分别连接到独立电源的 5 V 端和 GND 端。需要注意的是，如果采用独立电源给舵机和超声波测距传感器供电，那么需要将电源的地线和 UNO 的地线连接起来，这种连接操作叫作"共地"，作用是让 UNO、舵机、超声波测距传感器的低电平电压相同，从而确保舵机、超声波测距传感器和 UNO 之间传递的信号能够分辨出高电平与低电平。

接下来，将舵机的控制信号线与 UNO 的 11 号引脚相连，将超声波测距传感器的 TRIG 引脚与 UNO 的 8 号引脚相连，ECHO 引脚与 UNO 的 7 号引脚相连，至此，整个电路连接完毕。

2. 代码编写及解析

下面完成代码的编写。首先，导入舵机的库文件，并实例化一个舵机对象。然后，定义 UNO 的哪些引脚与舵机和超声波测距传感器相连。对于超声波测距传感器的操作，我们仅仅采用 Arduino 内置库中的引脚输入输出函数即可，所以不需要导入超声波测距传感器的第三方库。最后，定义两个变量来存储超声波测距传感器的测距结果。代码如下：

```
#include <Servo.h>              //导入库文件
#define servo_control   11      //定义舵机的控制信号线连接的引脚为 11 号引脚
Servo servo1;                   //声明舵机变量名为 servo1

//定义与超声波测距传感器相连的 UNO 的引脚
#define TRIG 8
#define ECHO 7

unsigned long puls_length ;     //记录超声波脉冲宽度的变量，单位是 μs
float distance;                 //存储超声波测距传感器测距结果的变量，单位是 cm
```

　　在 setup()函数中定义舵机的控制引脚，并让舵机回到初始位置；设置超声波测距传感器的引脚状态；定义串口的波特率，以便在电脑屏幕上显示实时数据。代码如下：

```
void setup() {
    // put your setup code here, to run once:
    servo1.attach(servo_control);      //指定控制信号线连接的 UNO 的引脚
    servo1.write(0);                   //让舵机轴回到初始 0° 位置

    pinMode(TRIG, OUTPUT);             //定义超声波传感器的触发信号引脚为输出
    pinMode(ECHO, INPUT);              //定义超声波传感器的返回信号引脚为输入
    Serial.begin(9600);                //定义串口的波特率为 9600，用于在电脑屏幕上显示实时数据
}
```

　　接下来，我们将开始实现阵地雷达探测功能的核心部分。为了实现这一功能，首先需要让雷达开始转动，也就是让舵机轴在 0° 到 180° 之间来回摆动。之前我们讨论过如何让舵机更平滑地转动，其关键在于将舵机从 0° 到 180° 的转动行程细分为多个小段，每个段的行程越小，转动就会越平滑。

　　然而，在当前的情境中，当舵机带动超声波测距传感器转动时，我们必须考虑更多的因素，具体如下。

　　(1) 为了确保阵地上的敌人无处可藏，我们希望舵机能够尽快完成从 0° 到 180° 的转动。这就要求我们尽可能提高舵机的转动速度，但同时也要确保它不会因过快转动而超出其工作能力范围。

　　(2) 超声波测距传感器安装在舵机的摇臂上，随着舵机轴的转动而转动。我们已知，超声波测距传感器的工作原理是通过计算超声波从探头发出到遇到障碍物后返回所需的时间来测量距离的。因此，在转动过程中，超声波测距传感器是无法进行准确测量的，甚至可能无法正常工作。为了确保超声波测距传感器能够准确测量其与阵地上敌人之间的距离，我们需要在每次测量时让舵机停下来，使超声波测距传感器处于静止状态。这就意味着，舵机不能像之前那样平滑地连续转动，而需要采用步进式转动，即每转动一个角度后停下来让超声波测距传感器进行一次测量，然后再继续转动到下一个角度。

　　(3) 如果我们希望阵地雷达的扫描没有死角，确保不会有漏网之鱼，那么相邻两次探测位置之间的夹角应当越小越好。换言之，舵机每次转动的角度应当尽可能小，以减小探测盲区。

　　(4) 超声波测距传感器的工作原理是通过测量超声波从探头发出到返回所需的时间来计算超声波测距传感器到障碍物的距离。因此，需要测量的距离越远，超声波的往返时间就会越长。为了确保能够准确测量足够远的距离，超声波测距传感器在每次发射超声波后需要保持足够长时间的静止状态，以等待超声波的返回。

　　到现在我们已经明确了甲方(咸圆国)的需求：阵地雷达需要转动迅速，且采用一步一停的方式转动，每一步的转动角度应尽可能小，每次停止的时间应尽可能长，同时完成从 0° 到 180° 的转动行程所需时间也要尽可能短。

尽管这些需求看起来存在诸多不合理之处，但在工程设计的实践中，这样的矛盾需求确实时有发生。作为乙方的开发人员，当无法改变甲方的需求时，我们的任务是尽量协调这些看似冲突的需求，寻找它们之间的平衡点。

在工程实现的过程中，我们必须对各项需求进行深入的评估，明确它们的合理性和适用范围。我们不能仅仅为了追求技术上的先进性而忽略实际需求，而要结合实际情况制定切实可行的解决方案。

例如，在这个实例中，舵机完成一个行程的时间应尽可能短，转动速度则应尽可能快。但考虑到方块小人们的移动速度有限，我们并不需要舵机转动得像闪电侠那样迅速。同样地，虽然我们希望超声波测距传感器能够测量更远的距离，但在这个场景中，我们实际上只需要它能够探测 $0\sim10$ cm 范围内的敌人。那么，超声波在 10 cm 的距离内完成一个来回需要多长时间呢？经过计算，我们发现答案是 $0.01 \times 2/340 = 58.8$ μs。因此，让舵机在每次转动后停留 $80\sim100$ μs，就足以确保超声波测距传感器完成其测量操作了。

接下来确定舵机每次转动需要的角度值。由于方块小人的身体宽度不超过 3 cm，因此超声波两次扫描的中心点距离不超过 3 cm 即可满足要求。实际上，考虑到超声波并非一束狭窄的射线，而是一个略宽于 1.5 cm 的柱状机械波，这个限制距离还可以适当放宽。通过计算，我们可以得出舵机轴在两相邻位置的夹角度数约为 1°，因此我们将舵机的转动间距设定为 1°。

基于以上分析，我们可以初步构建 loop() 函数中的代码。为了实现舵机轴在 0° 到 180° 之间来回摆动，并且每次行程为 1°，我们需要设置舵机的行程方向。具体来说，一个行程是从 0° 向 180° 顺时针转动，角度每次增加 1°；另一个行程则是从 180° 到 0° 逆时针转动，角度每次减少 1°。为此，我们引入一个变量 stp 来存储每次的步进值，其取值为 +1 或 −1。我们将 stp 的初始值设置为 +1，以便开始顺时针转动。同时，我们还需要一个变量 ang 来存储舵机的当前角度值，并将其初始值设为 0°。

现在我们来实现一个功能，让舵机轴在 0° 与 180° 之间来回摆动，每次移动 1°，并在每个位置停留 100 ms。

各位读者，现在请暂停阅读，打开你们的 Arduino IDE，试着自己编写代码来实现这个功能。完成尝试后，再回到这里，与下面笔者将展示的实现代码进行对比，看看你们的代码是否与笔者的相同。笔者的实现代码如下：

```
#include <Servo.h>              //导入库文件
#define servo_control   11      //定义舵机的控制信号线连接的引脚为 11 号引脚
Servo servo1;                   //声明舵机变量名为 servo1
int stp = 1;                    //行程的步进值
int ang   = 0;                  //舵机的当前角度值

//定义与超声波测距传感器相连的 UNO 的引脚
#define TRIG 8
#define ECHO 7
```

```
unsigned long puls_length ;        //记录超声波脉冲宽度的变量，单位是 μs
float distance;                    //存储超声波测距传感器测距结果的变量，单位是 cm

void setup() {
    // put your setup code here, to run once:
    servo1.attach(servo_control);  //指定控制信号线连接的 UNO 的引脚
    servo1.write(0);               //让舵机轴回到初始 0° 位置

    pinMode(TRIG, OUTPUT);         //定义超声波传感器的触发信号引脚为输出
    pinMode(ECHO, INPUT);          //定义超声波传感器的返回信号引脚为输入
    Serial.begin(9600);            //定义串口的波特率为 9600，用于在电脑屏幕上显示实时数据
}

void loop() {
    // put your main code here, to run repeatedly:
    ang = ang + stp;
    servo1.write(ang);
    if( (ang == 0) || (ang == 180) )
    {
        stp = (-1)*stp;
    }
    delay(100);
}
```

读者可以将以上代码与自己所编写的代码进行对比，看看两种代码各自有什么优缺点。

接下来，实现超声波测距传感器对其到敌方小人的距离检测。并在发现距离小于 10 cm 时，通过串口向电脑屏幕上发送警告。实现该功能的代码应该放在上面代码中的 delay(100) 这一条语句的前面。

参考第 11 章的内容，Arduino 提供了一个用于计算超声波从发出到碰到障碍物后返回的时间长度的函数，这个函数就是 pulseIn()函数。pulseIn()函数可读取 ECHO 引脚上返回的高电平脉冲的宽度，并据此计算出超声波测距传感器到障碍物的距离。

在得到超声波测距传感器到障碍物的距离后，将它与预设的阈值做对比(设定这个阈值是 10 cm)，当测量距离小于这个阈值时，立即通过串口向电脑屏幕上发送警告，提醒我方士兵有敌人来袭。

实现上述功能的代码如下：

```
#include <Servo.h>            //导入库文件
#define servo_control   11    //定义舵机的控制信号线连接的引脚为 11 号引脚
```

```
Servo servo1;                    //声明舵机变量名为servo1
int stp = 1;                     //行程的步进值
int ang   = 0;                   //舵机的当前角度值


//定义与超声波测距传感器相连的 UNO 的引脚
#define TRIG 8
#define ECHO 7


unsigned long puls_length ;      //记录超声波脉冲宽度的变量，单位是 μs
float distance;                  //存储超声波测距传感器测距结果的变量，单位是 cm
float warning_dis = 10;          //预设的警告阈值，当测量距离小于该值时向电脑屏幕上发送警告


void setup() {
    // put your setup code here, to run once:
    servo1.attach(servo_control);    //指定控制信号线连接的 UNO 的引脚
    servo1.write(0);                 //让舵机轴回到初始 0° 位置

    pinMode(TRIG, OUTPUT);           //定义超声波传感器的触发信号引脚为输出
    pinMode(ECHO, INPUT);            //定义超声波传感器的返回信号引脚为输入
    Serial.begin(9600);              //定义串口的波特率为 9600，用于在电脑屏幕上显示实时数据
}


void loop() {
    // put your main code here, to run repeatedly:
    ang = ang + stp;
    servo1.write(ang);
    if( (ang == 0)||(ang == 180) )
    {
        stp = (-1)*stp;
    }
    digitalWrite(TRIG, LOW);
    delay(2);
    digitalWrite(TRIG, HIGH);
    delay(2);
    digitalWrite(TRIG, LOW);
    unsigned long times = pulseIn(ECHO, HIGH);
    float distance = 0.017*times;    //根据得到的脉冲宽度计算出超声波测距传感器到障碍物的距离
    if(distance <= warning_dis)
    {        //测量距离小于阈值
```

```
        Serial.println("警告，有敌人接近！");
    }
    delay(100);
}
```

　　将以上代码烧写到 UNO 中，查看系统能否正常运行。在笔者搭建的电路系统中，这段代码是可以正常运行的。如果读者发现舵机无法正常转动，那么请检查舵机的控制信号连线的连接是否正确。

　　在看到舵机开始左右往复转动后，打开 Arduino IDE 中的串口监视器，并将波特率设置为 9600。在舵机转动过程中，将手放到超声波测距传感器的前面，观察串口监视器上是否出现了警告信息。如果没有任何信息，那么检查超声波测距传感器的 TRIG 引脚和 ECHO 引脚所连接的 UNO 引脚号与代码中所定义的引脚号是否一致。

　　在整个系统正常工作后，我们来看一看系统的工作状态。舵机带动超声波测距传感器在 0°位置与 180°位置之间来回摆动，对敌方阵地进行扫描监测。一旦有物体从敌方阵地向我方阵地靠近，且其到超声波测距传感器的距离小于 10 cm 时，电脑的串口监视器上就会显示警告信息。至此，我们预期的功能都已经实现了。

　　但是整个系统给人的感觉并不是那么好用，还有可完善的空间。

　　首先，当超声波测距传感器监测到有敌人靠近(距离小于 10 cm)时，当前系统仅在串口监视器上发出"敌人靠近"的警告信息。敌人在哪里？敌人距离我们有多远？这些信息都没有，这对我方士兵精准打击来犯的敌方士兵很不利，因此可以在显示的警告信息后面加上一些信息，即超声波测距传感器监测到的距离数据以及舵机当前正对方向的角度值。

　　其次，为了使我方士兵能够快速地辨明敌人来犯的方向，还可以在超声波测距传感器检测到有敌人进入告警范围时，使舵机暂时停止转动，并对准敌人来犯方向持续 1 s。这样，士兵们可以直观地通过舵机的指向快速定位敌人的位置，从而做出更加准确的应对决策。

　　完善后的代码如下：

```
#include <Servo.h>           //导入库文件
#define servo_control  11    //定义舵机的控制信号线连接的引脚为 11 号引脚
Servo servo1;                //声明舵机变量名为 servo1
int stp = 1;                 //行程的步进值
int ang  = 0;                //舵机的当前角度值

//定义与超声波测距传感器相连的 UNO 的引脚
#define TRIG 8
#define ECHO 7

unsigned long puls_length ;  //记录超声波脉冲宽度的变量，单位是 μs
float distance;              //存储超声波测距传感器测距结果的变量，单位是 cm
float warning_dis = 10;      //预设的警告阈值，当测量距离小于该值时向电脑屏幕上发送警告
```

```
void setup() {
    // put your setup code here, to run once:
    servo1.attach(servo_control);        //指定控制信号线连接的 UNO 的引脚
    servo1.write(0);                     //让舵机轴回到初始 0° 位置

    pinMode(TRIG, OUTPUT);               //定义超声波传感器的触发信号引脚为输出
    pinMode(ECHO, INPUT);                //定义超声波传感器的返回信号引脚为输入
    Serial.begin(9600);                  //定义串口的波特率为 9600，用于在电脑屏幕上显示实时数据
}

void loop() {
    // put your main code here, to run repeatedly:
    ang = ang + stp;
    servo1.write(ang);
    if( (ang == 0)||(ang == 180) )
    {
        stp = (-1)*stp;
    }
    digitalWrite(TRIG, LOW);
    delay(2);
    digitalWrite(TRIG, HIGH);
    delay(2);
    digitalWrite(TRIG, LOW);
    unsigned long times = pulseIn(ECHO, HIGH);

    float distance = 0.017*times; //根据得到的脉冲宽度计算出超声波测距传感器到障碍物的距离

    if(distance <= warning_dis)
    {   //测量距离小于阈值
        Serial.println("警告，有敌人接近！");
        Serial.print("敌人距离：");         //输出敌人距离
        Serial.print(distance);
        Serial.println("厘米");
        Serial.print("敌人所在方位：");    //输出敌人所在方位
        Serial.print(ang);
        Serial.println("角度");
        delay(1000);                        //停留 1 s
    }
```

```
    delay(100);
}
```

注：以上代码的编号为 servo_ultrasonic。

本　章　练　习

用 writeMicroseconds() 函数实现一个舵机在 0° 位置与 180° 位置之间的缓慢往复转动。舵机的 PWM 控制范围为 1000～2000。舵机的控制信号线与 UNO 的 6 号引脚相连。舵机从 0° 位置转动到 180° 位置的时间为 5 s (答案编号为 servo_Mcrsecond)。

第 13 章　驱动直流电机

13.1 相关知识介绍

13.1.1　直流电机

　　1821 年，电学之父法拉第在水银杯转动实验中，首次利用电流磁效应实现了将电能转换为连续旋转的机械能。这个实验打破了人们思想上的束缚，为人类打开了一扇新的大门。在这之后，亨利、斯特金、楞次、里奇等诸多科学家在理论和实现等方面不断深入研究，将电机的设计逐渐趋于完善。最终，达文波特在 1834 年设计出了一款电机，并将其用于驱动轮子，真正实现了电机的应用。达文波特在 1837 年获得了电机的专利，这标志着人类历史上第一个电机专利的诞生。从此，电机进入了人类发展历史的方方面面。

　　直流电机分为两大类，即直流有刷电机和直流无刷电机，在后文中，我们将其分别简称为有刷电机和无刷电机。

1. 有刷电机

　　有刷电机的原理图如图 13.1 所示。

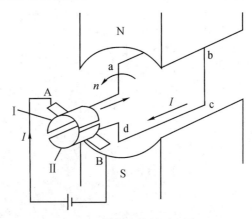

图 13.1　有刷电机的原理图

　　有刷电机的外圈由两块磁铁构成，这两块磁体的相对面分别是 N 极和 S 极。因为这两块磁铁在电机的工作过程中是固定不动的，所以它们被称为定子。这两块磁铁可以是永磁式磁铁，也可以是电磁铁。采用永磁式磁铁的电机称为永磁电机，采用电磁铁的电机称为电磁电机。

在有刷电机的中心，能够转动的部分是一个线圈绕组，称为转子。转子的中间穿有一根电机轴，电机轴的尾端有两个接触电极，这两个电极称为换向器。换向器与外部供电的电刷紧密接触。电机在转动过程中，每当转子转过 180°，换向器与电刷正、负极的接触关系就会互换。也就是说，当转子处于 0°～180° 范围内时，换向器的 A 电极与电刷的正极相连，换向器的 B 电极与电刷的负极相连。当转子处于 180°～360° 范围内时，换向器的 B 电极与电刷的正极相连，换向器的 A 电极与电刷的负极相连。这样可确保转子在定子磁场范围内受到的力始终指向同一方向，从而使转子能够持续不断地转动。

有刷电机的历史悠久，结构简单，制作工艺非常成熟，有着价格低廉、驱动方便简单等显著优点。但是它的缺点也同样明显，由于有电刷，电机在长时间转动后，电刷会磨损，因此需要定期更换电刷。

2. 无刷电机

既然人类已经发现了有刷电机的固有缺陷，那么人类自然不会无动于衷。于是在各种需求因素的推动下，当传感器技术发展到一定程度的时候，无刷电机出现了。无刷电机的原理图如图 13.2 所示。

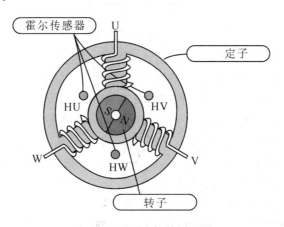

图 13.2　无刷电机的原理图

无刷电机的结构与有刷电机的刚好相反。无刷电机的转子是磁铁，而定子是线圈绕组。因为线圈绕组不需要转动，所以也就不需要电刷和换向器配合来使线圈中的电流换向，也就不存在电刷磨损的问题。因此，无刷电机的使用寿命比较长。但是不需要电刷并不表示电流不需要换向，与有刷电机一样，当转子，也就是磁铁转过 180° 后，磁铁的磁场方向与 0° 时的方向相反，如果定子线圈中的电流方向保持不变，那么定子和转子的磁力的相互作用就会从相互吸引变成相互排斥，使得转子开始减速并最终向反方向运动。因此，无刷电机在转子转过 180° 时，依然需要及时改变电流方向，使得转子的受力方向始终保持一致，让转子能够持续朝一个方向转动。

为了检测转子何时转过 180°，需要在无刷电机内部加入光传感器或者霍尔传感器来实时检测电机转子的位置。在驱动电机时，需要在电机外部添加一个电子换向电路来控制定子线圈中的电流换向，且通常情况下，还要增加一个电压调节器来控制转子的转速。因此，无刷电机的制造成本和应用成本要高于有刷电机的。

13.1.2 H 桥电路

在有些应用场合，需要将某个器件的供电正、负极对换，即将本来连接电源正极的一端改接至电源负极，将本来连接电源负极的一端连接至电源正极。比较常见的应用场景就是控制直流电机的正转和倒转。对于这样的应用需求，采用机械方式进行两个电极的交换不仅不可靠，而且机械部分的使用寿命也会很短。所以，H 桥电路应运而生。H 桥电路的原理图如图 13.3 所示。

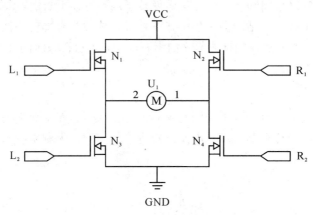

图 13.3　H 桥电路的原理图

H 桥电路是控制电机电流换向的一种经典电路结构。H 桥电路的实现方案有很多种，但是它们的原理都是一样的。图 13.3 所示为采用 NMOS 管实现的 H 桥电路。该 H 桥电路采用 4 个 NMOS 管的不同开启或关断组合来控制电机的供电方向。其中 L_1 和 L_2 为左侧控制引脚，R_1 和 R_2 为右侧控制引脚；N_1、N_2、N_3、N_4 分别是 4 个 NMOS 管。

在如图 13.3 所示的电路中，当 L_2 和 R_1 输入端输入低电平时，N_2 和 N_3 两管关断，给 L_1 输入端输入高电平，N_1 管导通，电机的左端与电源高电压相连；给 R_2 输入端也输入高电平，N_4 管导通，电机的右端与电源地相连。此时，电路中便形成一条通路，电流从 VCC →N_1→电机→N_4→GND 这样一个通路中流过，驱动电机顺时针转动。

当 L_1 和 R_2 输入端输入低电平时，N_1 和 N_4 两管关断，给 R_1 输入端输入高电平，N_2 管导通，电机的右端与电源高电压相连；给 L_2 输入端也输入高电平，N_3 管导通，电机的左端与电源地相连。此时，电路中便形成了一条新的通路，电流从 VCC→N_2→电机→N_3→GND 这样一个通路中流过，驱动电机逆时针转动。

当 L_1 和 R_1 输入端同时输入高电平，或者同时输入低电平时，电机的左右两端电压相同，电机不转动，处于停止状态。同理，当 L_2 和 R_2 输入端同时输入低电平或者高电平时，电机也不转动。

需要注意的是，L_1 和 L_2 输入端不能同时处于开启状态，这会导致从 VCC 到 GND 形成一个直接通路，从而造成电路短路。同理，R_1 和 R_2 输入端也不能同时处于开启状态。因此，在实际操作中，必须确保 L_1 和 L_2 不能同时输入高电平，R_1 和 R_2 输入端不能同时输入高电平。

13.1.3　模拟电压输出函数 analogWrite( )

模拟电压输出函数 analogWrite()的功能是向某些特殊引脚输出模拟电压值,例如 1.8 V、2.5 V 等不超过 Arduino 供电电压的电压值。特殊引脚指的是能够输出 PWM 信号的引脚,或者 DAC 引脚。在 Arduino 的主控板上,某些引脚号上方或者前面带有"～"符号,表示这个引脚具有 PWM 输出功能。在某些特定型号的 Arduino 产品(如 MKR、Zero、Nano 33IOT、Due)中,有些引脚标识为 DACx(x 为数字),这样的引脚可以输出真正的模拟电压值,而不是用 PWM 来模拟和近似的。

模拟电压输出函数 analogWrite(pin, value)有两个参数,分别是 pin 和 value。第一个参数 pin 用于指明从哪个引脚输出 PWM 信号,第二个参数 value 用于设定输出的 PWM 信号的占空比。

因为大多数 Arduino 主控板的处理器是 8 位处理器,因此 analogWrite()函数的参数 value 的取值范围为 0～255(8 位二进制数的表示范围)。其中 0 对应的是 0%的占空比,即完全没有高电平输出;255 对应的是 100%的占空比,即输出完全为高电平。根据想要输出的目标电压值,可以计算出对应的参数 value 的数值,计算公式为

$$\text{value} = \left\lfloor \left(\frac{\text{目标电压值}}{\text{系统电压值}} \right) \times 255 \right\rfloor$$

例如,如果想要输出 3 V 电压,而 UNO 的工作电压是 5 V,那么可以算出参数 value 的值为 153。细心的读者可能会发现,实际上无法输出所有电压值,例如 3.15 V 这样的电压就无法输出,能够输出的最接近的电压值是 3.1568 V。这是数字电路中常见的问题,但是实际上小数点后面几位的电压波动对数字电路实际工作的影响非常小,所以可以不计忽略。

另外,对某个引脚使用 analogWrite()函数前,不需要额外使用 pinMode()函数来声明这个引脚用作输出。因为 analogWrite()函数的功能已经默认将这个引脚配置为模拟输出。

13.1.4　随机函数 random( )和随机种子函数 randomSeed( )

随机函数 random()用于生成伪随机数。读者要明白一个概念,到目前为止,所有随机数生成函数生成的都是伪随机数,而并非真正的随机数。

那么随机数和伪随机数有什么区别呢?随机数是一种完全没有规律的数的集合,每次从这个集合中抽取一个数时,我们根本不知道会得到一个什么样的数。简单来说,就是抽盲盒,结果完全不可预测。而人类在研究科学和自然规律时,最有力的工具就是数学。数学最擅长的是从纷繁复杂的表象之中找出一些东西、事件中蕴含的规律。越有规律的东西,越容易用数学公式来表达。因此,要用数学公式表达完全没有规律的随机数,从概念上来说是根本不可能的事情。

但是,在很多应用场合中,我们又必须要用到随机数,怎么办?人们想出来了一个替代方案,即用一个用规律非常复杂、数据循环周期非常长的数据集合来模拟随机数,这就是伪随机数。例如,对我们人类来说,一个用公式产生的、经过一千万亿次才会循环出现

一次的序列和一个真正的随机数几乎没有什么区别。这就是伪随机数的本质。也就是说，伪随机数虽不是一个真正的随机数，但是在实际应用中，它能够起到和真正的随机数相同的作用。

利用伪随机数生成函数生成伪随机数时需要一个种子。这个种子是伪随机数生成函数的参数，输入不同的种子，可以生成不同序列的伪随机数。Arduino 很贴心地给我们提供了一种机制，它将模拟输入引脚 A0 的输入电压值作为一个生成伪随机数的种子。当 A0 引脚处于悬空状态时，它读取到的外部电压值是一个随机值，用这个随机值作为种子可生成伪随机数。如果每次生成伪随机数时都用外部电压的随机值作为种子，那么得到的伪随机数实际上就是真正的随机数。

但是这个机制需要占用模拟输入引脚 A0。只有让 A0 引脚始终处于悬空状态，才能获得真正的随机数。如果在某种情况下，我们需要将 A0 引脚用于其他目的，那么该如何获得随机数呢？Arudino 给我们提供了第二种选择，即使用随机种子函数 randomSeed() 来设置随机函数 random() 的种子。在调用 randomSeed() 函数并传入一个变量作为参数后，它会基于这个种子值生成一个伪随机序列，这个伪随机序列将作为后续 random() 函数调用的起点。这样，后续调用 random() 函数时就不再依赖从 A0 引脚读取的电压值，而从 randomSeed() 函数产生的伪随机序列中取值作为种子来生成伪随机数。这样，randomSeed() 函数就可以作为一个有效的替代方案，当 A0 引脚需要用于其他目的时，我们依然能够生成伪随机数。

随机种子函数 randomSeed() 的用法是在调用函数时输入一个不为零的无符号长整数作为种子。例如，

randomSeed(35);

随机函数 random() 有两种调用形式。第一种调用形式如下：

random(min, max)

这种调用形式有两个参数，即 min 和 max。采用这种调用形式时，函数会返回一个[min, max-1]范围内的长整型数。例如，

A = random(5, 15);

执行上述语句后就产生一个[5, 14]范围内的随机整数。

第二种调用方式如下：

random(max)

这种调用形式只有一个参数，即 max。采用这种调用形式时，函数会返回一个小于 max 的长整型数。例如，

B = random(15);

执行上述语句后就产生一个小于 15 的长整型数。

13.2 器件介绍

13.2.1 130 电机

130 电机是一种应用面非常广的微型直流电机，其多应用在玩具制造和轻负荷的场景

中。130 电机的实物图如图 13.4 所示。

图 13.4　130 电机的实物图

130 电机的生产厂家众多，不同厂家生产的电机指标会存在一些小的差异，但是大体上差别不大。130 电机的常用参数如下。

(1) 外形尺寸：25 mm × 20 mm × 15 mm。

(2) 额定工作电压：大多数厂家生产的 130 电机都支持 1.0～6.0 V 的工作电压，少部分厂家生产的 130 电机能够支持高达 9 V 的工作电压。

(3) 电机主轴直径：2 mm。

(4) 额定功率：0.75～1.5 W。

(5) 转速：不同厂家生产的 130 电机及其子型号的额定转速差别很大，在 4000～12 000 r/m 范围内不等。选择 130 电机时，要仔细甄别。

130 电机是直流有刷电机。它的控制方法非常简单，将电源接到电机的两个驱动电极上就可以了。例如，将电池的正极接到标为正极的电极上，将电池的负极接到标为负极的电极上，电机就会顺时针转动；将电池的负极接到标为正极的电极上，将电池的正极接到标为负极的电极上，电机就会逆时针转动。在供电电流充足的前提下，转速的快慢与电池的电压直接相关，使用者可以通过调节电压的高低来控制电机的转速。130 电机顺时针转动的电路连接图如图 13.5 所示，130 电机逆时针转动的电路连接图如图 13.6 所示。

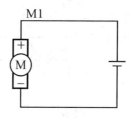

图 13.5　130 电机顺时针转动的电路连接图

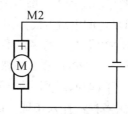

图 13.6　130 电机逆时针转动的电路连接图

不同型号的 130 电机，标示正极的方法不一样。但是大多数电机采用在正极电极附近

标记红点或者 + 号的方式来标示这个电极为正极。

13.2.2　电机驱动模块 L298N

电机的应用范围非常广泛，但是在不同的应用需求下，对电机的控制要求是不一样的，这也导致电机驱动电路的功能的复杂程度不一样。

首先，设想一个简单的应用场景。我们准备制作一台小电扇，如果只需要电扇吹风，那么只需要将风扇叶片安装到电机的轴上，然后按照正确的转动方向将电机的两个电极连接上电源的正负极，并加入开关以控制其通断即可。如果还希望电扇有调节风力大小的功能，那么就需要再加上调压电路来控制供给电机的电压大小。

进一步设想一个更为复杂的场景，我们打算使用 130 电机作为小车的驱动部分。为了简化小车的机械结构，我们将小车的车轮方向固定，通过左、右两侧车轮的转速差来实现小车的转向。这就需要小车左、右两侧的车轮能够独立地以任意速度正、反向转动。

当小车向正前方运动时，左、右两侧的电机需以相同的转速向前转动，进而驱动车轮向前滚动。当小车向后倒车时，左、右两侧的电机需要以相同的转速向后转动，进而驱动车轮向后滚动。如果将车轮向前转动时电机的连接方式定义为正，将车轮向后转动时电机的连接方式定义为负，则可以得出小车的几种基本运动方式所对应的左、右两侧电机的连接方式，如表 13.1 所示。该表中仅仅列出了几种基本的运动方式，实际上小车的运动控制是非常灵活且多样化的。由于这个话题已经偏离了本书的主旨，因此不在本书中深入讨论。有兴趣的读者可以查阅相关资料，自行研究探索。

表 13.1　小车的运动方式与电机的连接方式

小车的运动方式	左侧电机	右侧电机
前进	正	正
后退	负	负
原地左转	负	正
原地右转	正	负
向前左转	停	正
向前右转	正	停
向后左转	停	负
向后右转	负	停

从表 13.1 中可以看出，在小车的运动过程中，每当运动姿态发生改变时，电机的供电方式就会发生改变，有时需要改变电机供电的电流方向，有时需要停止供电(实际应用中的电动车的控制远远没有这么简单，其控制逻辑要复杂得多)。我们很容易想到，如果通过继电器这一类器件以机械方式切换电路来改变电机供电，那么必然是不可靠且不安全的。

针对上述问题，诸多优秀的电子工程师设计出了一种成熟的解决方案(即 H 桥方案)来灵活控制电机，并且该方案可以采用多种器件来实现，而不受限于某个型号的控制芯片。本章介绍的电机驱动模块 L298N 就是一个简单易用、性能稳定的 H 桥双电机驱动模块。市面上常见的 L298N 模块如图 13.7 所示。

图 13.7 L298N 模块

L298N 模块的名字来源于它的核心芯片 L298N。L298N 芯片是一款可以承受较高电压 (5～35 V)的电机驱动芯片，适用于驱动直流电机或者步进电机。一个 L298N 芯片中有两个 H 桥电路，所以一个 L298N 模块可同时控制两个直流电机做不同的动作，也可以用一个 L298N 模块来控制一个步进电机。在 5～35 V 的驱动电压范围内，L298N 模块可以为电机提供 2 A 的电流，并且具有过热自断和反馈检测功能。L298N 模块还可以向外提供一个标准的 5 V 电压，从而为其他模块供电。

L298N 模块的逻辑控制电压为 5 V。当从外部输入的控制信号的电压值在 2.3～5 V 范围内时，L298N 模块将其视为高电平；当电压值在 0～1.5 V 范围内时，L298N 模块将其视为低电平；当电压值在 1.5～2.3 V 范围内时，被识别的逻辑状态不定，可能是高电平也可能是低电平。

L298N 模块的正面俯视图如图 13.8 所示。出于用电安全和连接电路方便的考虑，L298N 模块的各个连接点采用不同的连接方式。1、2、3、8、9 是采用螺丝固定的接线端，4、5、6、7 则是采用英制标准连接的插针。

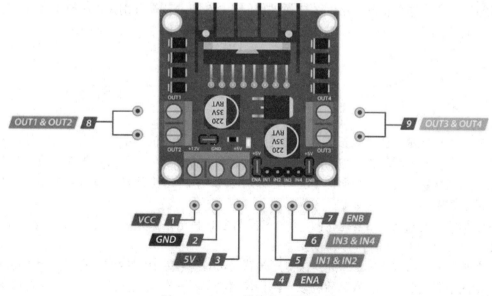

图 13.8 L298N 模块的正面俯视图

接线端 1 和 2 分别是驱动电压的高、低电压输入端，接线端 1 的输入电压范围为 5～35 V。但是有些厂家的使用手册中标注输入电压范围是 4～46 V，建议读者在使用时谨慎甄别。接线端 2 是驱动电压的接地端，同时也是整个电路的公共接地端，电路中所有的电压值都是以这个接线端的电压作为 0 电压基准的。

接线端 3 是由 L298N 模板上的 5 V 稳压器件提供 5 V 稳定电压的输出端。接线端 3 的输出电流范围为 0～35 mA。但是由于 5 V 稳压器件同时还要给 L298N 模块本身提供逻辑工作电压，因此接线端 3 上不适宜接电流需求较大的器件或者模块，以免造成供电不稳而引起误操作，或者烧毁 5 V 稳压器件。

插针 4 是 A 路 H 桥的使能信号输入引脚。只有当插针 4 接入高电平时，A 路 H 桥才能工作，才能通过 IN1 和 IN2 两个信号输入引脚控制 OUT1 和 OUT2 两端的电压输出。插针 4 可以从外部输入信号，也可以直接用一个跳线帽将它和一个高电平短路来输入信号，这种情况下，A 路 H 桥一直处于使能状态。

接线端 8 的两个接线端 OUT1 和 OUT2 用于连接一个直流电机的两个电极。当插针 4 输入高电平时，A 路 H 桥被使能，此时，OUT1 端受到插针 5 中 IN1 端控制。当 IN1 端输入逻辑高电平时，OUT1 接线端输出驱动电压。当 IN1 端输入逻辑低电平时，OUT1 接线端输出 0 V 电压。同理，OUT2 端受到插针 5 中 IN2 端控制。当 IN2 端输入逻辑高电平时，OUT2 接线端输出驱动电压；当 IN2 端输入逻辑低电平时，OUT2 接线端输出 0 V 电压。

插针 7 是 B 路 H 桥的使能信号输入引脚。只有当该插针接入高电平时，B 路 H 桥才能工作，才能通过 IN3 和 IN4 两个信号输入引脚控制 OUT3 和 OUT4 两端的电压输出。插针 7 可以从外部输入信号，也可以直接用一个跳线帽将它和一个高电平短路来输入信号，这种情况下，B 路 H 桥一直处于使能状态。

接线端 9 的两个接线端 OUT3 和 OUT4 用于连接另一个直流电机的两个电极。OUT3 端受到插针 6 中 IN3 端控制，OUT4 端受到插针 6 中 IN4 端控制。与 A 路 H 桥控制相同，当插针 7 处于高电平状态时，B 路 H 桥被使能，IN3 和 IN4 端分别输入高电平和低电平就可以控制 OUT3 和 OUT4 接线端输出驱动电压的高电压和低电压。

13.3　电路连接、代码编写及解析

本章的目标是设计一个三轮小车的底盘驱动程序。小车的底盘结构为：前面是一个支撑轮，后面是两个驱动轮。前面的支撑轮仅仅起到支撑底盘使其保持水平的作用，并不提供驱动功能和转向功能；后面两个驱动轮分别由左右两个独立运转的直流电机驱动。小车底盘的示意图如图 13.9 所示。

小车的转向机制采用差速转向，因此需要两个 H 桥电路来分别控制左、右两边的电机，而用一个 L298N 模块正好可以满足这一需求。

在小车的正前方安装一个超声波测距传感器，其型号为 HC-SR04。超声波测距传感器用于检测小车正前方是否有障碍物以及测量障碍物与小车车头之间的距离。小车在前进过

程中，如果超声波测距传感器检测到前方有障碍物且小车车头与障碍物之间的距离小于设定的阈值，那么小车会立即刹车，并原地转向以寻找新的可通行道路。

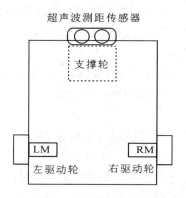

图 13.9　小车底盘的示意图

小车的行走变向策略为：当超声波测距传感器检测到其前方没有障碍物的时候，小车向前直行；当检测到其前方有障碍物，并且小车车头与障碍物之间的距离小于 5 cm 时，小车就会立刻停止前进，然后在原地执行随机转向。待随机转向完成后，超声波测距传感器再次检测前方 0～5 cm 范围内是否有障碍物，如果没有障碍物，则小车重新向前运动；如果有障碍物，则小车就继续执行随机转向，直到前方 0～5 cm 范围内没有障碍物。

13.3.1　电路连接

小车的电路连接图如图 13.10 所示。如果读者对两轮驱动小车的动力不满意，那么可以采用四轮驱动结构的小车，即左侧两个车轮，右侧两个车轮。在这种情况下，只要确保左、右两侧的电机驱动信号保持一致即可。

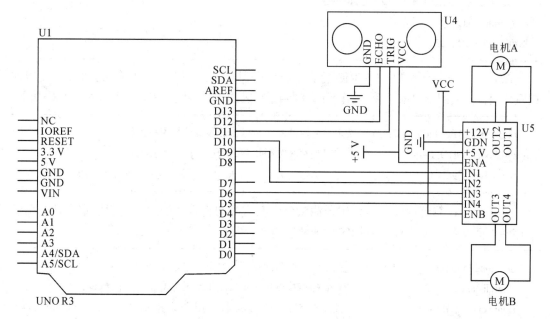

图 13.10　小车的电路连接图

UNO 的电源输入引脚和 L298N 模块的电源接线引脚通过 VCC 电源端与电池模块相连。电池模块可以采用多节碱性电池或者锂电池串联来供电，读者在构建电池模块时要注意，电池模块的输出电压不能超过 UNO 和 L298N 模块的输入电压范围。

超声波测距传感器的工作电压由 L298N 模型的 5 V 标准电压提供。超声波测距传感器的触发信号引脚 TRIG 与 UNO 的 11 号引脚相连，返回信号引脚 ECHO 与 UNO 的 12 号引脚相连。UNO、L298N 模块和超声波测距传感器的接地端连接在一起，实现共地。

L298N 模块的两路 H 桥使能引脚 ENA 和 ENB 直接连接到高电平，使得 L298N 模块内部的两个 H 桥始终都处于使能状态。

L298N 模块的 OUT1 和 OUT2 接线端与电机 A 相连，受到 IN1、IN2 两输入端控制。OUT3 和 OUT4 接线端与电机 B 相连，受到 IN3、IN4 两输入端控制。

L298N 模块的四个控制信号引脚 IN1、IN2、IN3、IN4 分别与 UNO 的 10、9、6、5 号引脚相连。选择 UNO 的这四个引脚是因为这四个引脚都可以实现模拟输出，即可以输出 PWM 信号，便于调节输出电压值，从而控制电机的转速。

13.3.2　代码编写及调试

下面，我们逐步编写、调试和完善代码。每个人完成设计的思路不一样，设计风格和编码习惯也不一样，但是将所有代码全部写完再开始调试一定不是一个好习惯。

我们先初步完成实现超声波测距传感器测距功能的代码，在确定超声波测距传感器测量的距离无误后，再编写实现小车驱动功能的代码。

首先，在代码文件的开头定义超声波测距传感器的两个功能引脚 TRIG 和 ECHO 与 UNO 相连的引脚号，代码如下：

```
//定义与超声波测距传感器相连的 UNO 的引脚
#define TRIG 11
#define ECHO 12
```

然后，在 setup()函数中将 TRIG 定义为输出引脚，将 ECHO 定义为输入引脚。为了方便检查代码，需要用串口来查看和检查计算的结果，因此也需要定义串口的波特率，代码如下：

```
pinMode(TRIG, OUTPUT);        //定义超声波测距传感器的触发信号引脚为输出
pinMode(ECHO, INPUT);         //定义超声波测距传感器的返回信号引脚为输入
Serial.begin(9600);           //定义串口的波特率为 9600，用于在电脑屏幕上显示实时数据
```

为了便于计算超声波测距传感器测量到的其与障碍物之间的距离，我们定义几个变量来存储中间结果，使得代码更加容易理解和查错，代码如下：

```
unsigned long pulse_length ;   //记录超声波脉冲宽度的变量，单位是 μs
float distance;                //存储超声波测距传感器测距结果的变量，单位是 cm
float warning_dis = 5;         //预设的警告阈值，当测量距离小于该值时向电脑发送警告，单位是 cm
```

接着，在 loop()函数中加入超声波测距传感器的控制代码。超声波测距传感器的功能是：先向 TRIG 引脚送出"低-高-低"的脉冲，然后读取 ECHO 引脚返回的高电平脉冲的宽度，最后根据这个宽度值计算出超声波测距传感器到障碍物的距离，代码如下：

```
//向 TRIG 引脚发出宽度为 1 ms 的高电平脉冲
digitalWrite(TRIG, LOW);
delay(1);
digitalWrite(TRIG, HIGH);
delay(1);
digitalWrite(TRIG, LOW);

pulse_length = pulseIn(ECHO, HIGH); //从 ECHO 引脚读取高电平脉冲的宽度，如果没有，返回值为 0
distance = 0.017*pulse_length; //根据得到的脉冲宽度计算出障碍物到超声波测距传感器到障碍物的距离
```

最后，将计算结果通过串口发送到电脑的串口中，在串口监视器上显示出来。整个检测和显示的操作每隔 1 s 做一次，代码如下：

```
if(distance > 0 )
{
    Serial.print("超声波测距传感器到障碍物的距离：");
    Serial.println(distance);
}
delay(1000);
```

实现超声波测距传感器测距功能的完整代码如下：

```
//定义与超声波测距传感器相连的 UNO 的引脚
#define TRIG 11
#define ECHO 12

unsigned long pulse_length ;        //记录超声波脉冲宽度的变量，单位是 μs
float distance;                     //存储超声波测距传感器测距结果的变量，单位是 cm
float warning_dis = 5;              //预设的警告阈值，当测量距离小于该值时向电脑发送警告，单位是 cm

void setup() {
    // put your setup code here, to run once:
    pinMode(TRIG, OUTPUT);      //定义超声波传感器的触发信号引脚为输出
    pinMode(ECHO, INPUT);       //定义超声波传感器的返回信号引脚为输入
    Serial.begin(9600);         //定义串口的波特率为 9600，用于在电脑屏幕上显示实时数据
}
```

```
void loop() {
    // put your main code here, to run repeatedly:
    //向 TRIG 引脚发出宽度为 1 ms 的高电平脉冲
    digitalWrite(TRIG, LOW);
    delay(1);
    digitalWrite(TRIG, HIGH);
    delay(1);
    digitalWrite(TRIG, LOW);
    //delay(2);

    pulse_length = pulseIn(ECHO, HIGH);//从 ECHO 引脚读取高电平脉冲的宽度，如果没有，返回值为 0
    distance = 0.017*pulse_length;        //根据得到的脉冲宽度计算出超声波测距传感器到障碍物的距离

    if(distance > 0 )
    {
        Serial.print("超声波测距传感器到障碍物的距离：");
        Serial.println(distance);
    }
    delay(1000);
}
```

注： 上述代码的编号为 ultrasonic_test。

　　读者可以在电脑上输入上述完整代码并将其上传到 UNO 中查看运行结果。如果运行结果和我们预期的不一致，那么仔细检查代码，并在可能出现问题的地方添加一些测试代码来验证该处代码的执行结果是否符合预期。如果经过反复检查仍无法解决出现的问题，那么检查超声波测距传感器或者 UNO 的引脚是否损坏。如果进行以上检查后问题仍然无法解决，那么可以联系笔者，大家一起讨论分析，直到电路运行正常。在确认以上代码可以正常运行后，我们开始编写实现小车驱动功能的代码。

　　首先，完成一个单独的测试代码，让小车执行前进、后退、原地左转、原地右转等动作，每个动作持续时间为 1 s。然后，再分别测试小车的前进、后退、原地左转和原地右转功能。

　　新建一个代码文件，并在文件的开头部分定义左、右两侧电机的控制引脚。并在 loop() 函数中加入控制左、右两侧电机以同等速度向前转动的代码。为了防止小车速度太快而不好控制，将 PWM 引脚的输出值设定为 150，即 PWM 信号的占空比为 150/255 = 58.8%。代码如下：

```
//定义小车左、右两侧电机的控制引脚
//IN1, IN2 右侧
//IN3, IN4 左侧
```

```
#define IN1 10
#define IN2 9
#define IN3 6
#define IN4 5

void setup() {
    // put your setup code here, to run once:

}

void loop() {
    // put your main code here, to run repeatedly:
    analogWrite(IN1, 150);
    analogWrite(IN2, 0);
    analogWrite(IN3, 150);
    analogWrite(IN4, 0);
}
```

执行上述代码会让小车的左、右两侧驱动轮向前转动，从而带动小车向前直行。将这段代码烧写到 UNO 中，打开小车的电源，观察小车是否按照预期向前直行。在确认小车的动作无误后，我们继续丰富代码来测试小车的其他动作能否正常执行。需要测试的动作分别是后退、原地左转、原地右转。

我们可以再次新建三个代码文件，像前面测试小车前进一样，将其他三个动作分别用单独的文件来测试。这样做的好处是小车的每个动作的驱动步骤是完全独立的，不会受到其他代码的干扰。但是因为这几个动作的测试都比较简单，所以我们将它们放在同一个文件中来完成，这样也有利于代码的完善和迁移。

我们继续在上面的测试代码中添加实现小车后退的代码，并且把前面的已经验证无误的实现小车前进的代码用注释符号标注起来。这样在编译代码的时候，就不会编译实现小车前进的代码，而只编译实现小车后退的代码。然后再以同样的方式，加入实现小车原地左转和原地右转的代码。每部分代码中都加入 1 s 的延迟。

当前进、后退、原地左转、原地右转四个单独动作都测试无误后，将实现每个动作的单独部分代码的注释符号去掉，准备进行小车连续执行四个动作的测试。每个动作持续 1 s。修改后的代码如下：

```
//定义小车左、右两侧电机的控制引脚
//IN1, IN2 右侧
//IN3, IN4 左侧
#define IN1 10
#define IN2 9
```

```
#define IN3 6
#define IN4 5

void setup() {
    // put your setup code here, to run once:

}

void loop() {
    // put your main code here, to run repeatedly:
    //前进
    analogWrite(IN1, 150);
    analogWrite(IN2, 0);
    nalogWrite(IN3, 150);
    analogWrite(IN4, 0);
    delay(1000);

    //后退
    analogWrite(IN1, 0);
    analogWrite(IN2, 150);
    analogWrite(IN3, 0);
    analogWrite(IN4, 150);
    delay(1000);

    //原地左转
    analogWrite(IN1, 150);
    analogWrite(IN2, 0);
    analogWrite(IN3, 0);
    analogWrite(IN4, 150);
    delay(1000);

    //原地右转
    analogWrite(IN1, 0);
    analogWrite(IN2, 150);
    analogWrite(IN3, 150);
    analogWrite(IN4, 0);
    delay(1000);
}
```

执行上述代码后，小车的运行状态和我们预期的一样，依次执行了向前、向后、原地向左、原地向右的运动。这说明上述代码是正确、有效的。但是上述代码的控制机制是否合理、安全呢？这样的控制方案是否会存在隐患呢？

在 loop()函数中，第一部分代码使得小车左、右两侧的电机都以相同的速度向前转动，从而驱动小车向前直行。接下来执行了 delay()函数，让整个系统延时 1 s。那么在这 1 s 的时间里面，小车左、右两侧的电机在做什么呢？在这 1 s 内，整个系统的输出保持不变。也就是说，小车左、右两侧的电机仍然以原来的速度向前转动。

但是当 delay()函数执行完毕后，系统马上发出指令让小车左、右两侧的电机倒转。笔者的小车在执行这部分代码后是能够正常运行的，相信绝大多数读者的小车也是能够正常运行的，但是这种方式存在风险。

试想一下，如果你正在大街上以悠然的姿态悠闲地散步。突然间，你心血来潮，想要尝试倒着走一段路。这其实是很容易实现的，失败的可能性几乎为零。之所以能够如此轻松实现，关键在于你的行走速度缓慢，因此惯性也很小，使得从"前进"状态切换到"后退"状态变得轻而易举。然而，假若你正在以百米冲刺的速度全力奔跑，突然间想要迅速转身并以相同的速度反向奔跑，那将是一项极具挑战性的任务。如果你试图强行突然停下并迅速反向高速奔跑，那么你很可能因失去平衡而摔倒，甚至可能导致骨折。

那么，如果一辆小车的左、右两侧电机正在以极高的速度向前转动，突然接收到指令要求它们以同样的速度反向转动，会发生什么呢？在这种情境下，电机的转速极高。如果直接给电机施加反向电压以驱动其反向转动，电机的线圈内会产生极高的反向电动势，从而导致极高的瞬时电压从电机的电极反向冲击到驱动电路中。如果驱动电路没有相应的保护措施，那么它很可能因此而被烧毁。

在我们搭建的这个电路中，由于 L298N 模块内置了保护电路，同时电机转动的速度并不快，因此在变向时产生的反向电压并不是很高，这使得驱动模块和主控模块得以安全无损。然而，这并不意味着这种控制方式是安全的。对于有志于未来成为硬件工程师的读者来说，不应抱有侥幸心理，完全依赖 L298N 模块的稳健性来确保整个系统的安全。我们要做的是避免电机在高速旋转时突然发生反转的控制行为，以确保系统的稳定性和安全性。

因此，我们需要设计一个安全的电机转向控制机制。当电机处于中低速转动状态并需要改变转动方向时，应该有一个"停止"过程。在这个过程中，停止给电机供电，让电机内部的线圈通过切割磁力线做功来消耗能量，从而实现电机减速的目的。在电机速度降到 0 后，再给电机施加反向电压，让电机反向转动。控制流程为"正转→停止→反转"。

如果电机处于高速转动状态下，那么我们需要先降低电机的工作电压，让电机的速度降到中低速，然后再停止给电机供电。在电机完全停止后，再给电机施加反向电压，让电机反向转动。控制流程为"正转→减速→停止→反转"。

遵循上述思想，我们改写前面的小车测试代码，并在其中加入了"停止"动作。为了提高代码的可读性和重用性，我们将前进、后退、原地左转、原地右转和停止这五个动作分别用子函数来实现，以便调用和修改。

改进后的代码如下：

```
//定义小车左、右两侧电机的驱动引脚
```

```
//IN1,IN2 右侧
//IN3,IN4 左侧
#define IN1 10
#define IN2 9
#define IN3 6
#define IN4 5

void setup() {
    // put your setup code here, to run once:

}

void loop() {
    // put your main code here, to run repeatedly:
    //前进
    forward();
    delay(1000);
    //停止
    turnoff();
    delay(500);

    //后退
    backward();
    delay(1000);
    //停止
    turnoff();
    delay(500);

    //原地左转
    turnleft();
    delay(1000);
    //停止
    turnoff();
    delay(500);

    //原地右转
    turnright();
    delay(1000);
    //停止
```

```
        turnoff();
        delay(500);

}      // end loop
//------------------------------------------------------------
    void forward(){                    //前进
        analogWrite(IN1, 150);
        analogWrite(IN2, 0);
        analogWrite(IN3, 150);
        analogWrite(IN4, 0);
    }

    void backward(){                   //后退
        analogWrite(IN1, 0);
        analogWrite(IN2, 150);
        analogWrite(IN3, 0);
        analogWrite(IN4, 150);
    }

    void turnleft(){                   //原地左转
        analogWrite(IN1, 150);
        analogWrite(IN2, 0);
        analogWrite(IN3, 0);
        analogWrite(IN4, 150);
    }

    void turnright(){                  //原地右转
        analogWrite(IN1, 0);
        analogWrite(IN2, 150);
        analogWrite(IN3, 150);
        analogWrite(IN4, 0);
    }

    void turnoff(){                    //停止
        analogWrite(IN1, 0);
        analogWrite(IN2, 0);
        analogWrite(IN3, 0);
        analogWrite(IN4, 0);
    }
```

注：这部分代码的编号为 car_test。

同样，我们需要将改进后的代码进行测试，以确认小车的动作与我们的预期一致。在确认无误后，我们将开始进行下一步工作，即添加和调试实现超声波测距传感器避障功能的代码。

我们将小车的动作逻辑定义为以下两条。

(1) 当前方无障碍物或者障碍物与小车车头之间的距离大于 10 cm 时，小车前进。

(2) 当超声波测距传感器检测到小车前方有障碍物，且障碍物与小车车头之间的距离小于 10 cm 时，小车将在原地左转、原地右转和后退三个动作中随机选一个并执行。动作执行的时间也是随机的，在 0.5 s～3 s 之间随机选择。

我们在前面实现超声波测距传感器测距功能的代码基础上进行修改。在代码中，定义一个变量 action，用来决定小车遇到障碍物后的动作，它的值由 random() 函数在 1～3 之间产生，其中 1 对应小车原地左转，2 对应小车原地右转，3 对应小车后退；定义一个变量 runtime，用来存储小车执行变向动作的时间；定义一个变量 warning_dis，用来存储小车车头与障碍物之间距离的临界值，当超声波测距传感器检测到小车车头与障碍物之间的距离小于这个值时，小车会执行变向动作。在变向后，小车会再次检测前方是否有障碍物，如果没有，则小车将继续向前行驶；如果有，则小车将再次执行随机变向动作，直到能够安全前进。

实现上述功能的代码如下：

```
//定义与超声波测距传感器相连的 UNO 的引脚
#define TRIG 11
#define ECHO 12

#define IN1 10
#define IN2 9
#define IN3 6
#define IN4 5

unsigned long pulse_length ;      //记录超声波脉冲宽度的变量，单位是 μs
float distance;                    //存储超声波测距传感器测距结果的变量，单位是 cm
float warning_dis = 10;            //预设的警告阈值，当测量距离小于该值时向电脑发送警告，单位是 cm
int runtime;                       //用来存储小车执行变向动作的时间，单位为 μs
int action;                        //决定小车变向动作，1 = 原地左转，2 = 原地右转，3 = 后退

void setup() {
    // put your setup code here, to run once:
    pinMode(TRIG, OUTPUT);         //定义超声波测距传感器的触发信号引脚为输出
    pinMode(ECHO, INPUT);          //定义超声波测距传感器的返回信号引脚为输入
    Serial.begin(9600);            //定义串口的波特率为 9600，用于在电脑屏幕上显示实时数据
```

```
}

void loop() {
    // put your main code here, to run repeatedly:
    //向 TRIG 引脚发出宽度为 1 ms 的高电平脉冲
    digitalWrite(TRIG, LOW);
    delay(1);
    digitalWrite(TRIG, HIGH);
    delay(1);
    digitalWrite(TRIG, LOW);
    //delay(2);

    pulse_length = pulseIn(ECHO, HIGH);//从 ECHO 引脚读取高电平脉冲的宽度，如果没有，返回值为 0
    distance = 0.017*pulse_length;        //根据得到的脉冲宽度计算出超声波测距传感器到障碍物的距离

    bool obstacle = ( (distance > 0)&&(distance < warning_dis) );
    if( obstacle == HIGH )
    {                                     //前方有障碍物
        digitalWrite(13, HIGH);
        turnoff();                        //停下
        //delay(5000);
        action = random(1,4);             //产生一个 1～3 范围内的随机数
        switch (action)
        {
            case 1: turnleft();
            break;
            case 2: turnright();
            break;
            case 3: backward();
            break;
            default: backward();
            break;
        } // end case
        runtime = random(1,6) * 500;
        delay(runtime);
    }
    else
    {
        forward();                        //end if
```

```
        digitalWrite(13, LOW);
    }
}// end loop
//----------------------------------------------------------
void forward(){                    //前进
    analogWrite(IN1, 150);
    analogWrite(IN2, 0);
    analogWrite(IN3, 150);
    analogWrite(IN4, 0);
}


void backward(){                   //后退
    analogWrite(IN1, 0);
    analogWrite(IN2, 150);
    analogWrite(IN3, 0);
    analogWrite(IN4, 150);
}
void turnleft(){                //原地左转
    analogWrite(IN1, 150);
    analogWrite(IN2, 0);
    analogWrite(IN3, 0);
    analogWrite(IN4, 150);
}


void turnright(){               //原地右转
    analogWrite(IN1, 0);
    analogWrite(IN2, 150);
    analogWrite(IN3, 150);
    analogWrite(IN4, 0);
}


void turnoff(){              //停止
    analogWrite(IN1, 0);
    analogWrite(IN2, 0);
    analogWrite(IN3, 0);
    analogWrite(IN4, 0);
}
```

接下来就是最激动人心的测试环节了。想象着自己的作品在地面上穿梭自如，一定很有成就感。但是请记住，代码的编写和测试是一个循序渐进的过程，正如那句老话所说，"罗马不是一天建成的"。

首先，我们将小车拿在手上或者放在某个支架上，确保小车的驱动轮悬空。同时，务必保证超声波测距传感器前面没有障碍物。然后打开电源，查看小车的驱动轮是否朝前进方向转动。如果驱动轮是朝前进方向转动的，那么把手挡在超声波测距传感器前面，查看小车的驱动轮是否会做出变向的动作。如果小车的驱动轮确实做出了变向的动作，那么将小车放到地上，让它真正跑起来，查看小车是否能够按照我们的预期正常运行。

如果在上面的简单测试环节中发现小车没有按照预期正常运行，那该怎么办呢？

我们要做的第一件事是仔细检查整个电路的线路连接情况。在确认线路连接没有问题的前提下，将前面两个单独实现超声波测距传感器测距功能的代码和实现小车驱动功能的代码重新运行一下，查看结果是否正确。如果运行结果不正确，那么可以进一步检查超声波测距传感器、L298N 模块、UNO、驱动轮的电机是否损坏。

如果在确认硬件工作正常且线路连接无误的情况下问题仍然没有解决，那么应该再次检查所有代码是否有输入错误。如果确认代码也没有问题，那么可以尝试给 UNO 和 L298N 模块分别使用独立的电池组供电，然后再次测试。如果小车还不能正常工作，那么很可能是电源部分的供电不足导致的。解决这个问题有两个方案：一是采用双电源供电的方式，确保每个部分都能得到足够的电力；二是更换一个能够提供稳定大电流的电池组，为整个系统提供充足的电力。

13.3.3　现象及分析

在小车能够正常运行后，我们将小车放到一个比较空旷的地面上，并在其周围放置一两个体积比较大、形状规则的障碍物，然后让小车在这个区域内自由运动。此时小车的运行基本符合预期，大多数情况下都能正确地检测到障碍物并避开。但是偶尔也会有小车侧面碰到障碍物的情况发生。

接下来，我们对环境进行一定调整，增加障碍物的数量，减小障碍物的体积，并使障碍物的形状变得不规则。再次将小车放到这个区域内让其自由运动，结果发现小车侧面碰到障碍物的情况明显增多。即小车经常会出现因无法识别障碍物而与之碰撞的情况。

这是什么原因造成的呢？

这个时候，我们不需要再次检查整个电路的连接情况、硬件的完好性以及代码是否有漏洞。因为这就是这个系统的局限性所在，也就是说，环境的复杂程度已经超过了它能够处理的范围。

我们的小车上只有一个超声波测距传感器且在它的正前方。超声波测距传感器的探测是有明显的指向性的。也就是说，它只能探测到其正前方的物体，并且要求物体正对小车部分的体积不能太小，且物体的表面应尽量平整。因此，当小车的左前方或者右前方出现障碍物时，超声波测距传感器往往不能探测到障碍物，从而导致意外的碰撞。

那么，是不是只要障碍物出现在超声波测距传感器的正前方，就一定能够被及时检测到，并且小车能够避开它呢？答案是否定的。这还要取决于障碍物的形状是否规则、体积是否足够大以及表面是否有多孔性的结构。简而言之，若超声波测距传感器不正对着障碍物，则其探测不到障碍物。即使超声波测距传感器正对着障碍物，其也不一定能探测到障碍物。

　　这种困境其实不仅仅是超声波测距传感器所面临的，也是绝大多数传感器都面临的。也就是说，传感器都存在探测不到障碍物和检测结果可信度不高的问题。目前，解决这个问题的方法主要是通过增加传感器的数量、扩大传感器的探测范围、丰富传感器的种类和探测机制。因此，要让小车变得更加灵活、准确，最简单的办法就是增加超声波测距传感器的数量。但是，超声波测距传感器数量增加到一定程度后，可能会带来新的问题，如数据处理复杂度增加、成本上升等，在此不做深入讨论。有兴趣的读者可以进一步研究和探索这个问题。

本 章 练 习

　　使用 UNO 控制洗衣机内的直流电机。该直流电机的两个电极与 L298N 模块的输出接线端 OUT1、OUT2 相连接，并通过 UNO 的 9 号、10 号引脚进行信号控制。在洗衣机的洗衣过程中，需要以 15 s 为一个周期不断地执行"正转，反转"的循环动作。在正转和反转的过程中，电机需要按照"加速→匀速→减速"的运行策略来操作。请各位读者发挥自己的想象力，编写出实现这一功能的电路控制代码(答案编号为 washing_machine)。

第 14 章　认识蓝牙通信

14.1　相关知识介绍

14.1.1　蓝牙通信

蓝牙技术是一种全球性的开放规范，用于无线数据和语音通信。它基于低成本的短距离无线连接，专门为固定和移动设备之间的通信建立一种近距离无线技术连接。

蓝牙技术是由世界著名的五家大公司——爱立信(Ericsson)、诺基亚(Nokia)、东芝(Toshiba)、国际商用机器公司(IBM)和英特尔(Intel)，于1998年5月联合推出的一种无线通信新技术。自问世以来，蓝牙技术便展现出了强大的生命力，深受众多公司、技术组织和个人的青睐。随着蓝牙技术的持续进步，如今已有超过1800家企业加入了蓝牙协议组织，共同致力于支持和推动蓝牙技术的不断发展。

蓝牙设备是蓝牙技术应用的核心载体，常见的蓝牙设备包括电脑、手机等。这些设备内置蓝牙模块，支持蓝牙无线电连接以及各类软件应用。为了建立连接，蓝牙设备需要在一定范围内进行配对。在连接成功后，一个网络内只有一个主设备，但可以有多个从设备。蓝牙技术具备射频特性，它采用了时分多址(TDMA)与网络多层次结构，无线连接运用了跳频技术等先进的无线技术，从而具备了传输效率高、安全性高等优势，因此被广泛应用于各行各业。

经过多年的发展和技术更新，如今市场上可见的蓝牙设备所支持的蓝牙协议版本包括蓝牙2.0、蓝牙2.1、蓝牙3.0、蓝牙4.0、蓝牙4.2、蓝牙5.0、蓝牙5.1、蓝牙5.2以及蓝牙5.3等。高版本协议通常具备向下兼容低版本协议的特性，确保了不同版本蓝牙设备之间的互联互通。

蓝牙通信协议的设计初衷是开发一种近距离、低功耗的实时通信协议。因此，常见的蓝牙设备的通信距离通常为10 m左右，在配备功率增幅设备的情况下，其通信距离可以达到100 m左右。在设备配对时，一个网络内有1个主设备和最多7个从设备，即一个配对后的局域网内最多支持8个设备。

蓝牙技术在多个领域都有广泛的应用。在无线通信领域，蓝牙技术常用于实现无绳电话和蓝牙耳机的近距离通信。在汽车领域，蓝牙技术被广泛应用于汽车设备的故障检测，提高了检测效率。在工业领域，蓝牙设备用于检测工业生产设备的故障并传输数据。在医学领域，各种用于病人体征检测的设备通过蓝牙技术进行数据传输，这避免了老式检测设备需要连接大量电缆给病人带来的生活不便和不适感。

14.1.2　为什么叫蓝牙

蓝牙这个词是如此的大名鼎鼎，即使对于完全不懂技术的人来说，蓝牙耳机、蓝牙音箱等无线电子设备也已经是日常使用的产品。那么，为什么将这个卓越的无线通信技术命名为蓝牙呢？

蓝牙这个名字来源于 10 世纪的丹麦国王 Harald Blatand(940 年—986 年在位)。关于其得名的原因，有一种说法是这个国王特别喜爱蓝莓，因此他的牙齿常常呈现蓝色，被民众亲切地称为"蓝牙"王。另一种说法是 Blatand 在古代丹麦语中意为"蓝色牙齿"，因此民众称该国王为"蓝牙"王。

"蓝牙"王是一个极具成就的国王，他成功统一了瑞典、丹麦和挪威，为丹麦和挪威近两千年的联合奠定了坚实的基础。他独具慧眼，认识到北欧海盗劫掠行为的不可持续性，积极主张减少对外侵袭，为结束北欧海盗的劫掠历史做出了贡献。在他逝世后，北欧海盗时代逐渐走向衰落。此外，他还引入了基督教到北欧，最终使得基督教取代了北欧奥丁神话系统的信仰，这不仅加速了海盗时代的结束，也为整个欧洲的文化统一做出了杰出的贡献。

"蓝牙"王以其卓越的社交能力著称，用他的名字命名这个通信技术，寓意着良好的沟通和通信。事实上，蓝牙技术也的确没有辜负这一命名，它一直在近程低功耗通信领域占据着不可或缺的地位。蓝牙标志如图 14.1 所示，它是由北欧卢恩符文中的"H"和"B"交叠而成的，即 Harald Blatand 这个名字首字母的合写，既富有文化意义，又简洁明了。

图 14.1　蓝牙标志

14.1.3　虚拟串口

在前面的章节中，我们已经简要介绍了串口的作用和用法。但是，在低端的 Arduino 产品中(例如 UNO)，出于成本和应用场景的考虑，它们的主控制器设计者仅为其配备了一个物理串口。这个物理串口不仅用于给 Arduino 下载代码，还用于观察运行结果以及调试程序。同时，它也可以用来连接蓝牙模块，实现无线通信功能。

那么，如何在只有一个物理串口的 UNO 上实现电脑调试和蓝牙连接两不误呢？答案很简单，就是用另外两个引脚来模拟串口的行为。用纯电路来实现功能复杂的软件类协议 (例如 TCP/IP 协议等)是非常困难的。但是用软件来模拟功能简单的硬件电路行为却很容易。

因此，解决物理串口资源不足的方案就是使用代码在另外两个引脚上实现串口协议的功能。Arduino 同样贴心地为我们提供了一个功能库，用于在其他引脚上模拟实现物理串口的功能，这个库被为虚拟串口库，名为 SoftwareSerial.h 。在这个库中，已经准备好了很多串口操作的功能函数，我们只需要调用即可。虚拟串口的功能和物理串口的功能相同，它们的库函数也大多相似，使用者可以把虚拟串口当作一个真实的串口来使用。

但是在使用虚拟串口时，需要注意以下限制：

(1) 虚拟串口需要通过 CPU 运行代码来实现通信协议的执行，所以使用虚拟串口时会占用 CPU 的一部分代码执行时间和存储空间。这会对整个系统的实时反应能力造成一定影响。因此，在使用虚拟串口时，不要设置过高的通信速率，以满足应用需求为准。因为虚拟串口的工作速率受到 CPU 处理数据能力的限制，所以虚拟串口的通信速率最高不能超过 115 200 b/s。

(2) 实现虚拟串口的 RX 引脚的功能时需要占用中断资源，因此不是所有引脚都能够用作虚拟串口的 RX 引脚。在采用 Mega 系列处理器作为主控芯片的 Arduino 中(UNO 就是其中之一)，只有 10、11、12、13 号引脚可以用作虚拟串口的 RX 引脚。虚拟串口对 TX 引脚没有特殊限制，可以使用任意引脚来实现其功能。

(3) 虽然可以在代码中声明多个虚拟串口，但是在同一时间，只能有一个虚拟串口处于工作状态。

14.1.4　虚拟串口的常用函数

虚拟串口也是串口，因此它的一些常用成员函数与物理串口的相同，例如串口速率设置函数 begin()、字符输出函数 print()和 println()。但是由于虚拟串口的功能是由 CPU 执行指令来实现的，所以虚拟串口的部分成员函数与物理串口的在参数或者功能上不尽相同。虚拟串口的常用函数列举如下。

1) 初始化函数 SoftwareSerial()

物理串口的数量是固定的，因此不需要为每个物理串口单独命名，它们的名称通常由系统预设。由于物理串口的 RX 和 TX 引脚位置也是固定的，所以在使用时无须用户指定。与此相反，虚拟串口的数量是可变的，用户可以根据自己的设计需求声明多个虚拟串口，因此每个虚拟串口都需要一个独特的名称。虚拟串口的 RX 和 TX 引脚可以根据实际硬件布局灵活配置，所以在初始化时需要明确指定这些引脚。此外，虚拟串口库提供了一个选项，允许用户根据应用需求选择是否使用反逻辑通信(即高电平代表逻辑 0，低电平代表逻辑 1)。

SoftwareSerial()函数有三个参数。第一个参数 rxPin 用于指定虚拟串口的 RX 引脚号，第二个参数 txPin 用于指定虚拟串口的 TX 引脚号。这两个参数的数据类型为无符号整数类型，且必须明确指定。第三个参数用于设置是否使用反逻辑通信，其数据类型为布尔类型，默认设置为 false，即不使用反逻辑通信。如果在调用初始化函数时不明确给出第三个参数，则系统将采用默认配置。

该函数的调用实例如下：

　　　SoftwareSerial mySerial (12, 5, false);

　　　SoftwareSerial mySerial(12, 5);

　2) 通信速率设置函数 begin()

和物理串口一样，通信速率设置函数用于设置虚拟串口的通信速率。虚拟串口支持多种通信速率，包括 300 b/s、600 b/s、1200 b/s、2400 b/s、4800 b/s、9600 b/s、14 400 b/s、19 200 b/s、28 800 b/s、31 250 b/s、38 400 b/s、57 600 b/s 和 115 200 b/s 等。但是要注意的是，虚拟串口在工作时会占用 CPU 的运行时间，所以除非确实需要，否则不建议将虚拟串口的通信速率设置得过高。

　3) 数据有效值函数 available()

数据有效值函数的作用是返回当前虚拟串口中可读取的数据字节数。当虚拟串口接收到外部发来的数据时，这些数据会被存储起来等待读取，并且虚拟串口会及时更改未读数据计数器的数值。当 available()函数被调用时，它会返回未读数据计数器的当前计数值。未读数据计数器的计数值以字节为单位，反映了当前有多少个字节的数据还未被读取。例如，如果 available()函数的返回值为 2，那么表示虚拟串口中有两个字节的数据等待被读取。

该函数的调用形式如下：

　　　Int A = mySerial.available();

　4) 虚拟串口工作状态测试函数 isListening()

虚拟串口使用起来很方便，其以极低的成本(几行代码)就可以实现多个串口同时工作的功能。但是，虚拟串口的运行需要占用 CPU 的工作时间和存储资源。如果声明的虚拟串口数量过多，那么会显著增加 CPU 的负载和存储资源的消耗。因此，系统在同一时间只允许一个虚拟串口处于工作状态。如果用户声明了多个虚拟串口，那么在同一时间内，只有处于工作状态的虚拟串口能够接收外部电路发到它的 RX 引脚的数据。那么到底哪一个虚拟串口处于工作状态呢？可以使用 isListening()函数来检测。使用虚拟串口的对象名来调用这个函数，如果返回值是 true，则说明当前虚拟串口处于工作状态，能够正常接收数据；如果返回值是 false，则说明当前虚拟串口没有处于工作状态，不能接收数据。

该函数的调用形式形如下：

　　　Bool A = Port1.isListening();

　5) 虚拟串口工作状态激活函数 listen()

我们可以在一个系统模块或者芯片上声明多个虚拟串口，但是在同一个时间内，只能有一个虚拟串口处于工作状态。例如，我们声明了 serialA、serialB、serialC 三个虚拟串口，此时假设虚拟串口 serialA 正处于工作状态，能够从外界接收数据。但是，如果系统需要从虚拟串口 serialB 的 RX 引脚上接收另外一个传感器发来的数据，那么首先要做的操作就是使虚拟串口 serialB 进入工作状态。这个功能就是由 listen()函数来完成的。

该函数的调用形式如下：

　　　serialB.listen();

需要注意的是，由于多个虚拟串口共用同一个存储区域。因此当某一个新的虚拟串口被激活而进入工作状态时，前一个处于工作状态的虚拟串口在存储区域中还没有被读取的数据将会被清空。

6) 数据读取函数 read()

当虚拟串口内部有未被读取的已接收数据时，调用数据读取函数将会从虚拟串口的存储区域中读取最早的一个未读数据，并返回该数据，同时将该数据标为已读。随后，存储区域的数据指针指向下一个未读数据。在下一次调用 read() 函数时，下一个未读数据将会被读出。以此类推，通过连续调用数据读取函数 read()，可以依次读取存储区域中的所有未读数据。

从外部来看，每次调用 read() 函数就像是执行了一次"剪切"操作，将存储区域中的未读数据剪切后放到 read() 函数中返回。

例如，如果存储区域中依次有 A、B、C 三个未读数据，那么以下指令的执行结果如下：

```
Data1 = SoftPort.read();        //read()函数读出 A 并赋值给 Data1
Data2 = SoftPort.read();        //read()函数读出 B 并赋值给 Data2
Data3 = SoftPort.read();        //read()函数读出 C 并赋值给 Data3
```

7) 首个数据读取函数 peek()

首个数据读取函数的功能与 read() 函数的类似，都是从虚拟串口的数据存储区域中读取第一个数据。但是 peek() 函数并不会修改数据的读取标志，因此在第一个数据被 peek() 函数读取后，该数据仍然是存储区域中的第一个未读数据。如果再次调用 peek() 函数读取数据，那么读取出来的仍然是上一次读出的数据。例如，如果在存储区域中依次有 A、B、C 三个未读数据，那么连续多次调用 peek() 函数，得到的返回结果都是 A。

该函数的调用形式如下：

```
DataOne = mySerial.peek();
```

8) 溢出检测函数 overflow()

虚拟串口和真实的物理串口类似，其存储数据的容量是有限的。虚拟串口的存储区域最多能够存储 64 个字节的未读数据。当虚拟串口接收到的未读数据超过 64 个字节时，数据溢出标志被自动置位，以指示数据溢出已经发生。在代码执行过程中，如果需要检测虚拟串口的存储区域是否发生了溢出，那么可以调用 overflow() 函数进行检测。如果该函数返回 true，那么说明发生了数据溢出；如果该函数返回 false，则表示没有数据溢出。

该函数的调用形式如下：

```
Bool Stat = serialOne.overflow();
```

需要注意的是，当溢出检测函数被执行后，无论是否检测到数据溢出，溢出标志都会被清零。但是存储区域中的实际未读数据并不会被清除。

9) 字符输出函数 print() 和 println()

字符输出函数的用法和特性与物理串口中的同名函数的用法和特性一致，因此在此不再赘述。

10) 二进制数输出函数 write()

二进制数输出函数的用法和特性与物理串口中的同名函数的用法和特性一致，因此在此不再赘述。

14.1.5　蓝牙调试宝

很多蓝牙应用都与手机紧密相关。在日常生活中，通过手机的蓝牙连接蓝牙耳机、蓝牙音箱是大多数人都会做的事情。但是，为了方便用户操作，手机上的常见蓝牙 APP 都把底层的数据传输和控制操作进行了封装，用户在使用过程中无法直接看到。但是，当我们以开发者的身份使用手机上的蓝牙模块时，就需要能够直接看到通信过程中的底层数据。现在在网络上也可以很容易找到多种专为蓝牙开发者设计的调试 APP，各位读者可以根据自己的需求大胆尝试、自由选择。在本章中，我们简单介绍一下笔者选用的"蓝牙调试宝" APP，其初始界面如图 14.2 所示。

"蓝牙调试宝" APP 的界面设计得非常简洁明了，易于使用。当蓝牙模块通电后，可以在"蓝牙调试宝" APP 中进行搜索。如果蓝牙模块能够正常工作，那么它就会被搜索到并显示在列表中。蓝牙模块 HC-05 被搜索到的界面如图 14.3 所示。

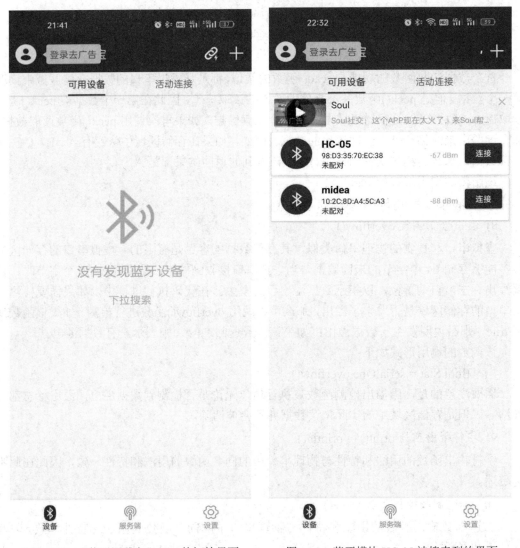

图 14.2　"蓝牙调试宝" APP 的初始界面　　　　图 14.3　蓝牙模块 HC-05 被搜索到的界面

点击蓝牙模块 HC-05 右侧的"连接"按钮后，会出现一个新的界面，要求用户确认设备的通用唯一识别码(Universally Unique Identifier, UUID)。确认 UUID 的界面如图 14.4 所示。

不要修改 UUID 值，直接点击"连接"按钮后，"蓝牙调试宝"APP 会提示用户输入 PIN 码以进行配对。输入 PIN 码的界面如图 14.5 所示。

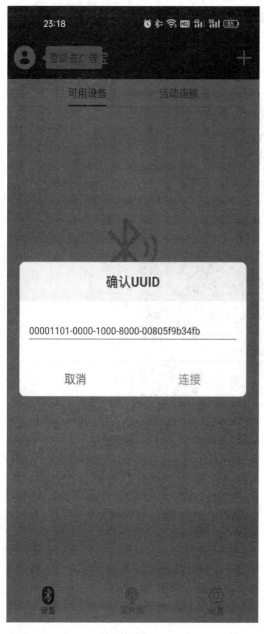

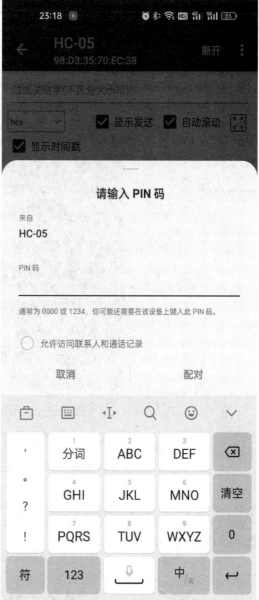

图 14.4　确认 UUID 的界面　　　　　　图 14.5　输入 PIN 码的界面

输入正确的 PIN 码后，点击"配对"按钮，随后会出现配对并连接的界面。一旦配对成功，用户会看到相应的配对连接成功界面，如图 14.6 所示。

图 14.6　配对连接成功界面

当手机与蓝牙模块或者其他蓝牙设备连接成功后，就可以与对方进行正常的通信操作，包括发送和接收数据等。

14.2　蓝牙器件介绍

蓝牙模块 HC-05/06 是非常经典的模块，已经问世多年，由于其出色的性能和易用的命令集，它至今仍被广泛使用。尽管现在市场上原生的蓝牙模块 HC-05/06 较难买到，但众多厂家推出的新型蓝牙模块都兼容 HC-05/06 的引脚配置和指令集。这意味着，只要掌握了蓝牙模块 HC-05/06 的使用方法和指令集，就可以轻松地使用市面上能够买到的新模块来实现所需的功能。HC-05 和 HC-06 两个模块的蓝牙核心芯片和指令集是完全相同的，唯一的区别是它们的外围电路稍有不同。因此，在实际应用中，人们通常不会对这两个模块进行区分。在本章中，我们将蓝牙模块 HC-05 或 HC-06 统称为 HC-05 模块。

　　HC-05 模块的背面展示了各个引脚标识和工作电压标记，如图 14.7 所示。而模块的正面则有一个小按钮，用于重启蓝牙模块和切换工作模式，如图 14.8 所示。

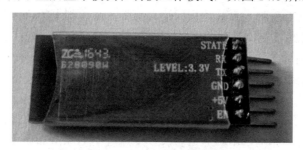

图 14.7　HC-05 模块的背面

图 14.8　HC-05 模块的正面

　　HC-05 模块有两种工作模式：自动连接工作模式和命令响应工作模式(AT 模式)。

　　在自动连接工作模式下，HC-05 模块可以充当主机(Master)、从机(Slave)和回环(Loopback)三种工作角色。当 HC-05 模块处于自动连接工作模式时，其会自动根据预设的方式与其他设备建立连接，并进行数据传输。

　　当 HC-05 模块处于命令响应工作模式时，其能执行所有 AT 命令，且用户可向 HC-05 模块发送各种 AT 指令，为 HC-05 模块设定控制参数或发布控制命令。此外，通过控制 HC-05 模块外部引脚(PIO11)的输入电平，可以实现模块工作状态的动态转换。

　　常见的 HC-05 模块有两种，其中一种是如图 14.7 所示的 6 针模块，6 个引脚的功能和输入输出方向如表 14.1 所示。

表 14.1　6 针蓝牙模块引脚的功能和输入输出方向

引脚名称	引脚功能	输入输出方向
EN	使能控制信号	输入
VCC	电源输入	输入
GND	接地端	—
TX	串口数据输出	输出
RX	串口数据输入	输入
STATE	状态信号	输出

当 EN 引脚输入高电平时，HC-05 模块进入命令响应工作模式；当 EN 引脚输入低电平时，HC-05 模块进入自动连接工作模式。

老款的 HC-05 模块的供电电压是 5 V，但是新的兼容模块大多支持宽幅电压，输入电压为 3.2～6 V。

HC-05 模块的 TX 引脚为串行数据的输出引脚，与控制电路(例如 UNO、51 单片机、电脑串口等)的串口的输入引脚 RX 相连。

HC-05 模块的 RX 引脚为串行数据的输入引脚，与控制电路(例如 UNO、51 单片机、电脑串口等)的串口的输出引脚 TX 相连。

STATE 引脚为蓝牙连接状态输出引脚，当 HC-05 模块与某个蓝牙端(如手机)建立了连接后，STATE 引脚输出高电平；当 HC-05 模块未与任何蓝牙设备建立连接时，STATE 引脚输出低电平。

另一种 HC-05 模块是 4 针模块。与 6 针模块相比，4 针模块没有 EN 引脚和 STATE 引脚，只有两个电源引脚和两个串口通信引脚。在进行学习和产品研发初期阶段，建议读者购买 6 针模块。

1. 出厂配置

HC-05 模块的出厂配置有以下几项，所有的出厂配置都可以在进入命令响应工作模式后通过 AT 命令进行修改。

(1) 模块出厂配置的串口通信模式如下：波特率为 9600 b/s，8 位数据位，1 位停止位，无奇偶校验。

(2) 模块在蓝牙配对中的默认角色是从机，但也可以配置为主机或者回环。

(3) 模块的出厂名称默认为 HC-05 或者 HC-06。

(4) 模块的默认配对密码是 1234。

(5) 模块上的 LED 在出厂时默认为开启状态。

2. 命令响应工作模式(AT 模式)

HC-05 模块可以通过以下两种方法进入命令响应工作模式。

(1) 首先确保 HC-05 模块通电并处于未配对连接状态。在这种状态下，模块的指示灯会快速闪烁。HC-05 模块上可能配有一个按键(某些兼容模块可能没有)，该按键与 EN 引脚相连。当该按键被按下一次，或者将 EN 引脚的电压拉高一次后，HC-05 模块将进入命令响应工作模式，即 AT 模式。此时，如果模块未被重新配置过串口通信速率，那么其串口通信速率将默认为 9600 b/s。

(2) 如果手中的 HC-05 模块是他人使用过的旧模块，且其串口通信速率已被更改，那么进入 AT 模式可能会遇到困难。由于不知道具体的串口通信速率，可能无法直接通过串口与其通信或重新配置。此时，可以采用第二种方法。在模块未通电的情况下，先按住模块上的按键或将 EN 引脚连接到 VCC 引脚，然后给模块通电。这样，模块将被强制进入 AT 模式，并且其串口通信速率将被设置为 38 400 b/s。之后，就可以通过串口来修改 HC-05 模块的配置参数了。

当 HC-05 模块进入命令响应工作模式后，模块上的 LED 灯将处于慢闪状态。在此模式下，HC-05 模块的大多数配置和参数都可以被修改，以适应不同的应用场景和需求。

3. AT 命令

下面介绍一些经常用到的 AT 命令。这些 AT 命令仅仅适用于 HC-05 模块以及与其兼容的蓝牙模块。请注意，本部分内容并未列举出全部的 AT 命令。如果读者需要实现某些特殊功能且在本部分内容中未能找到对应的 AT 命令，这并不表示该项功能没有对应的 AT 命令。在这种情况下，读者可以下载具体版本模块的手册，仔细查找。

需要注意的是，每次发送 AT 命令时，都要以换行符作为结束标志。

(1) 指令：AT。

模块响应：OK。

指令参数：无。

指令功能：通常用于测试通信是否正常，以及蓝牙模块是否能够正常响应。

(2) 指令：AT + RESET。

模块响应：OK。

指令参数：无。

指令功能：用于将蓝牙模块复位重启。

(3) 指令：AT + VERSION？

模块响应：+VERSION: <param>OK。

指令参数：无。

指令功能：用于询问蓝牙模块中的软件版本信息，蓝牙模块返回的响应 param 为软件版本号。

(4) 指令：AT + ORGL。

模块响应：OK。

指令参数：无。

指令功能：用于将蓝牙模块的所有参数恢复为模块默认配置(注意：这并非 HC-05 模块的出厂配置)。

默认参数如下。

设备类：0。

查询码：0x009e8b33。

模块工作角色：从机(Slave Mode)。

连接模式：用于指定蓝牙设备连接模式(即连接前需要指定连接设备的名称)。

串口参数：波特率为 38 400 b/s，停止位为 1 位，无校验位。

配对码：1234。

设备名称：hc01.com-HC-05(或类似名称，具体名称可能因模块而异)。

(5) 指令：AT + ADDR？

模块响应：+ADDR: <param> OK。

指令参数：无。

指令功能：用于获取蓝牙模块的地址。

蓝牙模块的地址是以十六进制形式呈现的一组数字，共有 6 个字节 12 位数。地址分为三段，每段的数据位数不等，分别是 NAP(4 位)、UAP(2 位)、LAP(6 位)。如果每一段的第一个数字为 0，那么该位不显示。例如，如果某个蓝牙模块的地址为 1234056789AB，那么在接收到查询地址的指令后，蓝牙模块会向串口返回+ADDR:123456789AB OK 作为响应。

(6) 指令：AT + NAME?

模块响应：+NAME: <param> OK 或者 FAIL。

指令参数：无。

指令功能：用于获取蓝牙模块的设备名，HC-05 模块的出厂设备名为"HC-05"。如果读取蓝牙模块的设备名失败，则返回 FAIL。

(7) 指令：AT + NAME = <param>。

模块响应：OK。

指令参数：参数 param 为给蓝牙模块设置的新名称。

指令功能：用于给蓝牙模块设置一个新的设备名。设置成功后返回 OK 作为响应。

(8) 指令：AT + RNAME? <param1>。

模块响应：+NAME: <param2> OK 或者 FAIL。

指令参数：参数 param1 为需要读取名称的远程蓝牙设备的地址；参数 param2 为读取并返回的蓝牙设备名。

指令功能：用于读取一个远程蓝牙设备的名称，该设备与发出 AT 命令的上位机没有通过串口直接连接，但是它们在同一个蓝牙局域网内。执行该指令时，需要给出准确的蓝牙设备地址。但是该条指令的执行结果具有不确定性，即不一定能够成功。如果成功读取到蓝牙设备的名称，则返回该设备的名称；否则返回 FAIL 作为响应。

例如，一个蓝牙设备的地址是 123456789ABC，名称为 TANK，那么控制设备需要发出以下指令来读取该蓝牙设备的名称：

AT+RNAME? 123456789ABC

如果读取成功，则控制设备会收到以下响应：

+NAME: TANK OK

如果读取失败，则控制设备会收到 FAIL 作为响应。

需要注意的是，读取失败并不表示这个蓝牙设备不存在或者不能正常工作，导致读取失败的原因可能有很多。

(9) 指令：AT + ROLE?

模块响应：+ROLE: <param> OK(返回的参数有三个可能的值，0：从机角色；1：主机角色；2：回环角色)。

指令参数：无

指令功能：用于获取蓝牙模块的工作角色。蓝牙模块的工作角色有三种，即从机角色、回环角色和主机角色。

当蓝牙模块的工作角色为从机角色时，蓝牙模块只能接受被动连接，常见的例子有蓝牙耳机、蓝牙音箱等。

当蓝牙模块的工作角色为主机角色时，蓝牙模块可以主动搜索周围的蓝牙从设备并与之建立连接，常见的例子有手机、智能电视等。

回环角色通常用于测试。当蓝牙模块的工作角色为回环角色时，蓝牙模块也同样只能接受被动连接，但是它会在接收到主设备发来的数据后将数据原路返回给主设备。

(10) 指令：AT + ROLE = <param>。

模块响应：OK。

指令参数：0(从机角色)，1(主机角色)，2(回环角色)。

指令功能：用于设置蓝牙模块的工作角色。

(11) 指令：AT + CLASS?

模块响应：+CLASS: <param> OK。参数为一个 32 位数，呈现形式为十六进制数。标准蓝牙设备的出厂默认值为 0。

指令参数：无。

指令功能：用于获取蓝牙设备的类型分类。标准蓝牙设备的出厂默认值为 0。该指令通常可以用于在多个蓝牙设备中快速筛选目标设备。

(12) 指令：AT + CLASS = <param>。

模块响应：OK。

指令参数：参数 param 可以是任意一个 32 位数。

指令功能：用于给蓝牙设备设置一个类型号。这条指令多用于在有多个蓝牙设备同时工作时，将不同的设备分类，例如将蓝牙耳机和蓝牙音箱分为一类(音频设备)，将洗碗机和电冰箱分为一类(厨房电器)。

(13) 指令：AT + IAC?

模块响应：+IAC = <param>OK。

指令参数：无。

指令功能：用于查询蓝牙设备的查询访问码。蓝牙设备的出厂默认查询访问码是通用查询访问码(General Inquiry Access Code, GIAC):9e8b33。如果蓝牙设备的查询访问码没有被修改过，那么模块响应就会给出 GIAC 码；否则就会给出修改后的查询访问码。

(14) 指令：AT + IAC = <param>。

模块响应：OK 或者 FAIL。

指令参数：参数 param 可以是任意一个 24 位数，即 6 位十六进制数。

指令功能：用于改写蓝牙设备的查询访问码。蓝牙设备的出厂默认查询访问码是通用查询访问码(GIAC):9e8b33。改写查询访问码的行为不一定能够成功，如果蓝牙设备的这个部分禁止被改写，则模块会返回 FAIL 作为响应；如果改写成功，则模块返回 OK 作为响应。

(15) 指令：AT + INQM = <param1>，<param2>，<param3>。

模块响应：OK 或者 FAIL。

指令参数：参数 param1 为蓝牙设备的访问模式，可选值有两个，分别是 0 和 1。0 表示标准查询模式，1 表示带有接收信号强度指示查询模式。如果采用 1 模式，则在进行查询时会返回无线信号的强度信息。

参数 param2 为最多蓝牙设备响应数。这个参数用于设置查询终止的条件。例如，将该值设置为 5，如果在查询时有超过 5 个蓝牙设备响应，则查询将自动终止。

参数 param3 为最大查询超时数。这个参数用于设置查询时的超时时长，数值的设置范围为 1~48。数值的单位间隔时长是 1.28 s。例如，如果设置该值为 1，那么查询超时的时长就是 $1 \times 1.28 = 1.28$ s；如果设置该值为 18，那么查询超时的时长就是 $18 \times 1.28 = 23.04$ s。

指令功能：用于设置蓝牙模块的查询方式的三个参数。这三个参数的出厂默认值是 1、

1、48。使用该指令设置参数时不一定能成功，可能会因为设备本身的限制或者其他原因失败。如果设置成功，则返回 OK 作为响应；如果设置失败，则返回 FAIL 作为响应。

(16) 指令：AT + INQM?

模块响应：+INQM = \<param1\>，\<param2\>，\<param3\> OK。

指令参数：无。

指令功能：用于查询当前蓝牙设备的查询模式参数。

(17) 指令：AT + PSWD?

模块响应：+PSWD = \<param\> OK。

指令参数：无。

指令功能：用于查询蓝牙设备的当前配对码。大多数蓝牙设备的默认配对码是 1234，但也有小部分蓝牙设备的默认配对码是 0000。

(18) 指令：AT + PSWD = \<param\>。

模块响应：OK。

指令参数：参数 param 为四位数的配对码。

指令功能：用于设置蓝牙设备的配对码。

(19) 指令：AT + UART = \<param1\>，\<param2\>, \<param3\>。

模块响应：OK。

指令参数：参数 param1 为串口的波特率，可选值为 2400、4800、9600、19 200、38 400、57 600、115 200、230 400、460 800、921 600、1 382 400。蓝牙模块的串口设置不支持自定义波特率，只能从上述波特率中选择。但是由于串口通信受限于上位机和蓝牙模块通信速率以及数据处理能力，因此不建议将串口的波特率设置得过高。

参数 param2 为每次传输的停止位。该参数有两个可选值，即 0 或者 1。其中，0 表示 1 位停止位，1 表示 2 位停止位。

参数 param3 为数据校验位。因为串口通信通常采用异步数据传输方式，理论上存在数据出错的风险，因此，在需要高数据有效性的异步通信场景中，每次数据传输结束后都需要进行数据校验。该参数有三个可选值，即 0、1 或者 2。0 表示无奇偶校验，1 表示奇校验，2 表示偶校验。

指令功能：用于设置蓝牙模块的串口参数。蓝牙模块的默认出厂配置参数分别为 9600、0、0，表示串口的波特率为 9600，1 位停止位，无奇偶校验。

(20) 指令：AT + UART?

模块响应：+UART = \<param1\>，\<param2\>，\<param3\> OK。

指令参数：无。

指令功能：用于查询蓝牙模块的串口通信参数设置。

(21) 指令：AT+CMODE=\<param\>。

模块响应：OK。

指令参数：参数 param 有三个可选值，即 0、1、2。0 表示指定蓝牙地址连接模式。在此模式下，蓝牙模块将绑定特定设备的地址，仅与绑定的设备建立连接。地址的指定将通过后续的绑定指令来实现。例如，若希望 A、B 两个蓝牙模块仅能与对方连接，则需在模块 A 中通过此指令绑定模块 B 的地址，同时在模块 B 中通过此指令绑定模块 A 的地址。

1 表示任意蓝牙地址连接模式。在此模式下，蓝牙模块可与任何具有有效蓝牙地址的其他蓝牙设备建立连接。

2 表示回环模式。在此模式下，蓝牙模块将作为回环角色用于本地通信。

指令功能：用于设置蓝牙模块的连接模式。模块的出厂默认设置为任意蓝牙地址连接模式(即参数值为 1)。

(22) 指令：AT + CMODE？

模块响应：+CMODE = <param> OK。

指令参数：无。

指令功能：用于查询蓝牙模块当前的连接模式设置参数。

(23) 指令：AT + BIND = <param>。

模块响应：OK。

指令参数：参数 param 为由 12 个十六进制数组成的蓝牙地址。

指令功能：用于绑定一个特定的蓝牙设备或者蓝牙模块的地址。当蓝牙模块的连接模式参数被设置为 0 时，该蓝牙模块只能与已绑定蓝牙地址的蓝牙设备建立连接。每个蓝牙模块的出厂默认绑定地址为 00:00:00:00:00:00，表示未绑定任何地址。

(24) 指令：AT + BIND？

模块响应：+BIND: <param> OK。

指令参数：无。

指令功能：用于查询当前蓝牙模块所绑定的蓝牙设备的地址。

(25) 指令：AT + POLAR = <param1>，<param2>。

模块响应：OK。

指令参数：参数 param1 和 param2 的取值范围为 0 和 1，分别用于控制与 PI08 和 PI09 引脚相连的两个 LED 的亮与灭。当对应参数设置为 1 时，LED 亮起；当参数设置为 0 时，LED 熄灭。

指令功能：用于人为控制与 PI08 和 PI09 引脚相连的两个 LED 的亮与灭。如果用户使用的自己设计的电路板，那么可以根据自己的需要在 PI08 和 PI09 引脚上连接其他器件，从而利用这两个引脚来实现特定的控制功能。

但是，如果用户使用的是市场上购买的标准模块，那么与 PI08 和 PI09 引脚相连的两个 LED 具有特定的功能定义。与 PI08 引脚相连的 LED 用来指示蓝牙模块当前是处于通信状态还是处于 AT 命令状态。与 PI09 引脚相连的 LED 用来指示当前模块是否与其他蓝牙设备建立连接。因此，除非用户使用的是自己设计的电路板，否则不建议随意对市场上购买的 HC-05 标准蓝牙模块使用这条指令。

(26) 指令：AT + POLAR？

模块响应：+POLAR = <param1>,<param2> OK。

指令参数：无。

指令功能：用于读取 PI08 和 PI09 两个引脚的状态，从而知道与之相连的两个 LED 的亮与灭。若读取结果为 1，则表示对应 LED 亮起；反之，则 LED 熄灭。

(27) 指令：AT + PIO = <param1>，<param2>。

模块响应：OK。

指令参数：参数 param1 用于指定 PIO 引脚的编号，取值范围为 02～07。参数 param2 用于指定该引脚的输出状态，取值为 0 和 1，0 表示低电平输出，1 表示高电平输出。

指令功能：用于控制 02～07 号引脚的输出状态。如果用户基于 HC-05 模块进行二次开发设计电路板，那么这条指令在控制特定引脚输出时起关键作用。

(28) 指令：AT + MPIO = <param>。

模块响应：OK。

指令参数：参数 param 是一个 3 位十六进制数。

指令功能：用于一次性控制 02～07 号引脚和 10 号引脚中多个引脚的输出状态。该指令所用的参数是一个 3 位十六进制数，即包含 12 位二进制数。每一个引脚的编号对应一个二进制数控制位。在控制某个引脚的输出状态时，只需要根据自己的需要，在命令中将对应位设置为 0 或者 1，就可以改变该引脚的输出状态。

例如，要将 02 号引脚的输出状态设置为高电平(1)，而将其他引脚的输出状态设置为低电平(0)，那么对应的二进制数就应该是 0B000000000100，写成十六进制数就是 0x004。如果要将 02、03、07 号引脚的输出状态设置为 1，而将其他引脚的输出状态设置为 0，那么对应的二进制数就应该是 0B000010001100，写成十六进制数就是 0x08C。

(29) 指令：AT + MPIO?

模块响应：+MPIO: <param> OK。

指令参数：无。

指令功能：当蓝牙模块的引脚用作输入时，该指令用于读取引脚的输入状态。该指令可以读取 PI00～PI07、PI10、PI11 引脚的输入状态。

需要注意的是，该指令的返回值是一个 4 位十六进制数，对应一个 16 位二进制数。但是在这个数据中，只有第 0 位～第 7 位、第 10 位、第 11 位是有效数据，其他位为无效数据。

(30) 指令：AT + RMSAD = <param>。

模块响应：OK 或者 FAIL。

指令参数：参数 param 为蓝牙设备的地址，参数格式为 xxxx,xx,xxxxxx。

指令功能：用于删除某个已经和自己配对的蓝牙设备的地址。当蓝牙模块与某个蓝牙设备配对后，该设备的地址就保存在配对设备列表中，该设备被视为已认证设备。如果需要该设备重新经过认证和授权后连接，那么需要从配对设备列表中删除该设备的地址。执行这条指令后，如果该设备的地址存在于配对设备列表中，那么返回 OK 作为响应；如果该设备的地址不在配对设备列表中，那么返回 FAIL 作为响应。

(31) 指令：AT + RMAAD。

模块响应：OK。

指令参数：无。

指令功能：用于删除配对设备列表中的所有设备地址。

(32) 指令：AT + FSAD = <param>。

模块响应：OK 或者 FAIL。

指令参数：参数 param 为蓝牙设备地址，参数格式为 xxxx,xx,xxxxxx。

指令功能：用于在蓝牙模块的配对设备列表中查找是否存在指定的蓝牙设备地址。如果提供的地址存在于配对设备列表中，则返回 OK 作为响应；如果提供的地址不在配对设备列表中，则返回 FAIL 作为响应。

（33）指令：AT + ADCN?

模块响应：+ADCN: <param>OK。

指令参数：无。

指令功能：用于查询配对设备列表中已认证设备的数量，并将结果以十进制数的形式返回。

（34）指令：AT + MRAD?

模块响应：+MRAD: <param>OK。

指令参数：无。

指令功能：用于查询最近一次使用过的已认证设备的地址。如果有已认证设备的工作记录，则返回该设备的地址；如果没有，则返回 0: 0: 0 作为结果。

（35）指令：AT + STATE ?

模块响应：+STATE: <param>OK。

指令参数：无。

指令功能：用于查询蓝牙模块当前的工作状态。根据蓝牙模块工作状态的不同，可能出现的返回值如下。

INITIALIZED：初始化状态；

READY：准备状态；

PAIRABLE：可配对状态；

PAIRED：已配对状态；

INQUIRING：查询状态；

CONNECTING：正在连接状态；

CONNECTED：已连接状态；

DISCONNECTED：已断开状态；

UNKNOWN：未知状态。

（36）指令：AT + PAIR = <param1>,<param2>。

模块响应：OK 或者 FAIL。

指令参数：参数 param1 为待配对的蓝牙设备的地址，地址字段之间用逗号隔开。该参数用十六进制数表示。

参数 param2 为尝试配对的时长，单位通常为 s，该参数用十进制数表示。如果与目标设备无法完成配对，那么蓝牙模块会在设定时长内不断尝试，直到超过了设定时长。

指令功能：用于与指定地址的蓝牙设备进行配对。如果配对成功，则返回 OK 作为响应；如果配对失败或在设定的时长内未完成配对，则返回 FAIL 作为响应。例如，要与地址为 1234:56:789ABC 的蓝牙设备配对，并设置尝试配对时长为 20 s，则指令如下：

　　　AT + PAIR = 1234,56,789ABC,20

（37）指令：AT + LINK = <param>。

模块响应：OK 或者 FAIL。

指令参数：参数 param 为待连接的蓝牙设备的地址，地址字段之间用逗号隔开。该参数用十六进制数表示。

指令功能：用于与指定地址的蓝牙设备进行连接。待连接的蓝牙设备的地址必须在配对设备列表中。如果连接成功，则返回 OK 作为响应；如果连接失败，则返回 FAIL 作为响应。

(38) 指令：AT + DISC。

模块响应：根据操作结果的不同，可能出现以下响应结果。

+DISC:SUCCESS OK：成功断开连接；

+DISC:LINK_LOSS OK：连接丢失；

+DISC:NO_SLC OK：没有服务级连接(Service Level Connection, SLC)连接；

+DISC:TIMEOUT OK：断开连接超时；

+DISC:ERROR OK：断开连接错误。

指令参数：无。

指令功能：用于与已连接的蓝牙设备断开连接。

(39) 指令：AT + ENSNIFF = <param>。

模块响应：OK。

指令参数：参数 param 为指定的蓝牙设备的地址。

指令功能：用于指定具有特定地址的蓝牙设备进入节能模式。

(40) 指令：AT + EXSNIFF = <param>。

模块响应：OK。

指令参数：参数 param 为指定的蓝牙设备的地址。

指令功能：用于指定具有特定地址的蓝牙设备退出节能模式。

14.3　电路连接、代码编写及问题解析

在对蓝牙模块有充分的认识之前，建议读者不要随意修改蓝牙模块的参数。在此，我们将 HC-05 蓝牙模块作为从机，与手机进行一次简单的通信，实现从零到一的突破。

14.3.1　蓝牙模块基本工作状态确认

首先，确认蓝牙模块能否正常工作，将蓝牙模块的电源(VCC)引脚和 GND 引脚分别连接上 5 V 电源和地；然后，将蓝牙模块的 RX 引脚和 TX 引脚连接起来，构成电路中通常所说的回环连接。蓝牙模块的回环连接电路如图 14.9 所示。

在 HC-05 模块的指示灯开始快速闪烁后，说明蓝牙模块已经正常上电并进入可被搜索和配对的模式。然后在手机上打开"蓝牙调试宝"APP，并与 HC-05 模块进行配对连接。连接成功后，蓝牙模块的指示灯应该变成一秒内

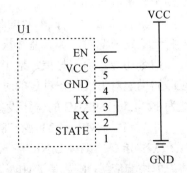

图 14.9　蓝牙模块的回环连接电路

快闪两次然后熄灭一秒的状态。如果蓝牙模块没有被修改过默认参数，那么其工作角色默认是从机角色。

　　尝试从"蓝牙调试宝"APP 上发送一串数据，例如 1234567890。因为手机和蓝牙模块已经成功建立了连接，所以这串数据会被发送到 HC-05 蓝牙模块上，数据随后从 HC-05 模块的 TX 引脚以串口数据的形式被送出。由于我们已经将 HC-05 模块的 RX 和 TX 引脚进行了回环连接，因此发送的数据会从 HC-05 模块的 RX 引脚被送回到 HC-05 模块中，然后被 HC-05 模块发送到手机的"蓝牙调试宝"APP 的显示界面上。运行结果如图 14.10。图中第一行数据串 1234567890 是 "蓝牙调试宝"APP 发给 HC-05 模块的数据，第二行数据串 123456 和第三行数据串 7890 则是 HC-05 模块接收并分两次发送回"蓝牙调试宝"APP的数据。由此可以判断，HC-05 模块能够工作正常并处理数据。

图 14.10　蓝牙调试宝发送和返回信息的运行结果

14.3.2　蓝牙模块与 UNO 的连接

　　下面我们来完成蓝牙模块与 UNO 的连接。HC-05 模块与 UNO 的电路连接图如图 14.11 所示。前面我们已经介绍过，UNO 只有一个物理串口，占用 0 号引脚(RX)和 1 号引脚(TX)。为了能够更直观地查看程序运行的过程以及便于调试，我们将 UNO 的物理串口一直连接到电脑端，用于将信息输出到电脑屏幕。然后，将 HC-05 模块的 TX 引脚与 UNO 的 11 号引脚相连，HC-05 模块的 RX 引脚与 UNO 的 8 号引脚相连。

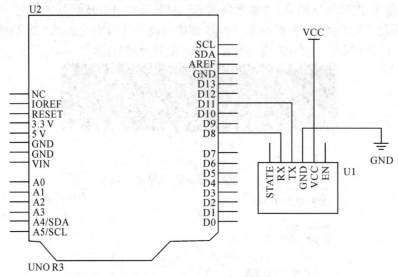

图 14.11　HC-05 模块与 UNO 的电路连接图

　　在后续的代码中，我们将 UNO 的 11 号引脚作为虚拟串口的 RX 引脚，将 8 号引脚作为虚拟串口的 TX 引脚。

14.3.3　代码编写与测试

　　我们定下一个小目标：手机和 UNO 通过 HC-05 模块实现无线通信。整个系统的工作流程如下：手机通过无线蓝牙连接向 HC-05 模块发送一些字符，然后 HC-05 模块通过虚拟串口将这些字符发送给 UNO；UNO 接收到 HC-05 模块发送的字符后，会对字符个数进行计数，并将计数结果通过虚拟串口发送回 HC-05 模块；HC-05 模块再将计数结果以无线方式发送给手机，手机的"蓝牙调试宝"APP 中会显示出这个计数结果。

　　接下来，打开 Arduino IDE 的编程环境，新建一个文件，我们将开始编写 HC-05 模块和虚拟串口通信部分的代码。因为要用到虚拟串口，所以先在代码文件的开头处调用虚拟串口库。虚拟串口库是以面向对象的形式实现的，因此需要先实例化一个虚拟串口对象，并将虚拟串口的 RX 引脚定义为 UNO 的 11 号引脚，将 TX 引脚定义为 UNO 的 8 号引脚，代码如下：

```
#include <SoftwareSerial.h>
SoftwareSerial mySerial(11, 8); // RX, TX
```

在 setup()函数中设置物理串口和虚拟串口的通信速率。我们将物理串口的通信速率设置得高一些，而虚拟串口的通信速率可设定得低一些，以降低 CPU 的运行时间和存储资源，代码如下：

```
void setup() {
    // put your setup code here, to run once:
    Serial.begin(19200);
    mySerial.begin(9600);
}
```

我们要实现的目标是：在 loop()函数中，让 UNO 通过 HC-05 模块向手机发送数据，当我们在手机上看到这些数据时，手动向 HC-05 模块发送一个消息。HC-05 模块接收到这个消息后，会将该消息通过虚拟串口发送给 UNO。而 UNO 接收到 HC-05 模块的信息后，将该消息在电脑端输出，然后再次通过 HC-05 模块向手机发送消息。这个过程将不断重复，实现 UNO 与手机之间的双向通信。

为了实现这个目标，我们需要首先设置一个 int 类型的全局变量 cnt 来记录 HC-05 模块和手机之间的通信次数。在声明该变量时，将其初始值设置为 0。然后，在 loop()函数中，通过虚拟串口向 HC-05 模块发送一条包含简单信息和通信次数计数值 cnt 的消息。

实现以上功能的代码如下：

```
#include <SoftwareSerial.h>
SoftwareSerial mySerial(11, 8); // RX, TX
int cnt = 0;

void setup() {
    // put your setup code here, to run once:
    Serial.begin(19200);
    mySerial.begin(9600);
}

void loop() {
    // put your main code here, to run repeatedly:
    mySerial.print("Message:");
    delay(1000);
    mySerial.println(cnt);
    delay(5000);

}
```

注：该段代码的编号为 BT_softwareSerial_0。

将刚刚搭建好的电路接通电源,首先检查 UNO 的电源指示灯是否正常亮起。如果 UNO 的电源指示灯没有亮起,则重新检查整个电路的所有连线是否有漏接或者短路的情况。在硬件系统的开发过程中,任何小小的接触不良都可能导致一系列让人头痛的问题,进而浪费大量时间、精力,甚至影响心情。所以,前期的电路检查工作至关重要,千万不要忽视或省略。

在确定 UNO 的电源指示灯正常亮起后,再检查蓝牙模块的电源指示灯和工作状态指示灯是否也正常亮起,并以规定的频率闪烁。

确认 UNO 及蓝牙模块均正常工作后,将以上代码上传至 UNO 中。然后启动手机上的"蓝牙调试宝"APP,并与 UNO 上连接的蓝牙模块进行配对连接。如果电路系统和手机端的"蓝牙调试宝"APP 都正常工作,那么可以看到如图 14.12 所示的结果。

图 14.12 "蓝牙调试宝"APP 单向接收数据

我们利用上述代码实现了以下操作:通过虚拟串口向蓝牙模块先发送一个名为"Message:"的字符串,然后等待 1 s,再发送变量 cnt 的数值,之后再等待 5 s。因为实现这个操作的代码位于 loop() 函数中,所以这个操作会不停地循环执行。

在手机和 HC-05 模块配对连接成功后，就可以从"蓝牙调试宝"APP 的界面上看到预期的结果。

如果我们能在"蓝牙调试宝"APP 界面上看到显示内容"Message: 0"，那么我们已经迈出了最重要的第一步，说明蓝牙模块和手机的蓝牙通信已经建立并通畅；如果看不到预期的结果，那么我们需要使用前面所介绍的蓝牙模块的 AT 指令来重新检查蓝牙模块的各个参数配置是否正确。当蓝牙模块和手机的通信已经建立并通畅后，我们接着开始进行下一步操作。

在上述代码中，每发送一次信息，程序会等待 5 s。设置这个等待时间的目的是让用户有足够的时间从手机的"蓝牙调试宝"APP 界面上发出一个简单的信息。如果用户的操作速度不够快，那么可以把这个等待时间间隔设置得长一些。

但是，目前的情况是，即使我们成功地从手机向 UNO 所连接的蓝牙模块发送出了信息，这些消息也无法在电脑屏幕上显示出来。所以，我们接下来的任务是在代码中添加接收信息和处理信息的功能代码。

当我们从手机向 UNO 所连接的蓝牙模块发送数据后，这些数据会被送入 UNO 的虚拟串口中。我们可以通过调用虚拟串口库中的 available() 函数来判断虚拟串口的数据存储区域中是否有未读取的数据。如果有未读取的数据，那么将其读出并存储到一个临时变量 inChar 中，然后将这个数据通过物理串口发送到电脑屏幕。

基于以上思路，添加了读取虚拟串口数据存储区域中的数据并将其发送到电脑屏幕功能的代码如下：

```
#include <SoftwareSerial.h>
SoftwareSerial mySerial(11, 8);        // RX, TX
int cnt = 0;

void setup() {
    // put your setup code here, to run once:
    Serial.begin(19200);
    mySerial.begin(9600);
}

void loop() {
    // 虚拟串口向手机发送数据
    mySerial.print("Message:");
    delay(1000);
    mySerial.println(cnt);
    delay(5000);
    if(mySerial.available() )        //若条件满足，则说明虚拟串口的数据存储区域中有未读取的数据
    {
        unsigned char inChar = mySerial.read();
```

```
        Serial.write(inChar);
        cnt++;   //收到一个字符, 计数值加一
    }
}
```

在上述代码中, UNO 通过蓝牙模块向手机发送完信息"Message:0"后等待 5 s, 然后就开始检测虚拟串口的数据存储区域中是否有未读取的数据。如果有未读取的数据, 那么它依次将其读出, 并通过物理串口发送到电脑屏幕上显示。

将上述代码写入 UNO 后, 我们进行一个简单的测试。首先, 将 UNO 通过 USB 电缆供电, 并与电脑保持连接; 然后, 打开 Arduino IDE 上的串口监视器; 最后, 打开手机上的"蓝牙调试宝"APP, 使其与 HC-05 模块建立无线连接。在"蓝牙调试宝"APP 接收到"Message:0"字符后, 从"蓝牙调试宝"APP 上发出一个字符"a"。"蓝牙调试宝"APP 的界面如图 14.13 所示。如果整个系统正常工作, 且数据通信无误, 那么此时电脑端串口监视器的接收结果如图 14.14 所示。

图 14.13   "蓝牙调试宝"APP 的界面　　　　图 14.14   电脑端串口监视器的接收结果

从整个通信过程可以看到, 一开始 UNO 通过蓝牙模块发送给手机的信息是"Message:0", 这表示当前手机接收到的字符计数为 0。但是, 当手机通过蓝牙模块向 UNO 发送一个字符"a"后, UNO 再次向手机发送的信息更新为"Message: 1", 这表明手机接收到的字

符计数已经增加到 1。

14.3.4　问题思考与解析

在 14.3.3 节中，我们实现了 UNO 和手机之间通过 HC-05 模块进行无线蓝牙通信、互相发送信息的功能。我们在手机的"蓝牙调试宝"APP 界面上输入的字符可以原样地发送到 UNO，并被 UNO 通过物理串口发送到电脑屏幕上显示出来。

可能有的读者已经注意到，在代码中，向物理串口写数据用的是 write()函数，而不是 print()函数。那么能不能换成 print()函数？如果不能，原因又是什么呢？

在日常生活中，我们会根据不同的特征和用途将各种事物进行分类。同样地，在计算机系统中，信息也被进行了各种分类。例如，ASCII 码字符被分为可见字符和不可见字符两大类。而可见字符中又包含了数字、大写字母、小写字母等不同的子类别。这些字符在人类看来形状各异，代表着不同的含义。但在计算机内部，它们本质上都是数字，是计算机能够理解和处理的基本单位。

当我们使用手机端的"蓝牙调试宝"APP 输入字符"a"时，实际上发送的是字符"a"对应的 ASCII 码值，即十进制数 97。当我们在 Arduino UNO 上使用 read()函数来读取通过蓝牙接收到的数据时，读取到的也是这个十进制数 97。随后，如果我们使用 write()函数将这个数值发送到 Arduino IDE 的串口监视器，那么串口监视器会根据 ASCII 码表找到对应的字符"a"并显示在屏幕上。

那么，如果我们尝试用 print()函数替代 write()函数来发送数据，会发生什么呢？print()函数在 UNO 中用于格式化输出数据，它会尝试将传入的数据转换为字符串形式。如果我们使用 print()函数发送 ASCII 码值 97，它不会直接发送原始的 ASCII 码值，而是会将其转换为字符串"97"并发送到串口监视器。因此，我们在串口监视器上看到的将不再是字符"a"，而是数字字符串"97"。

综上所述，为了确保从蓝牙接收到的字符能够正确地在电脑屏幕上显示为对应的字符，我们应该使用 write()函数，而不使用 print()函数。write()函数能够直接发送原始的 ASCII 码值，而 print()函数则会进行额外的格式转换，导致显示结果不正确。

本 章 练 习

将 HC-05 模块与 UNO 通过虚拟串口相连。同时，UNO 的物理串口与电脑相连，并打开电脑上 Arduino IDE 的串口监视器。通过 UNO 给 HC-05 模块发送 AT 指令，并将 HC-05 模块返回的 AT 响应通过 UNO 的物理串口发送回电脑端，并在串口监视器上显示(答案编号为 BT_AT)。

第 15 章　气体成分检测

目前，世界上已知的物质形态有六种，分别是气态、固态、液态、等离子态、玻色-爱因斯坦凝聚态、费米子凝聚态。我们日常生活中能够接触到的主要是前三种形态。在极高的温度下，我们也可以观察到等离子态。但是对于最后两种形态，绝大多数人都没有机会见到，或者即使见到了，也不会察觉。

在气态、固态和液态这三种常见的物质形态中，气态物质是最难以控制和测量的。气体无孔不入，没有固定的形状和大小。根据周围环境的不同，气体的密度会随时发生变化，且一种气体还有可能和其他气体发生混合或者化学反应。因此，对气体的观察和检测都比较困难，难以实现精准测量。

但是，在一些特定场合，能否对一些特殊气体进行及时、准确的检测却至关重要。例如，在煤矿井下，能否及时检测出一氧化碳、甲烷等可燃气体的浓度超标就非常重要。如果不能及时发现可燃气体的浓度超标，很有可能会发生井下燃爆的危险，从而带来巨大的生命和财产损失。又例如，在一些工业生产环节中，会产生有毒或者腐蚀性气体，如果不能及时检测出有毒或腐蚀性气体的浓度超标，那么有可能会使工作现场的人员中毒或者皮肤和肺部受损。

更加常见的是，在环境保护要求日益提高的大趋势下，对大气中的各种有害气体进行检测已成为各级政府和对应监管部门的日常工作。

在以上所述的应用场景中，都需要用到气体传感器。气体传感器的检测指标 ppm[①]代表气体浓度，1ppm 等于 1 立方厘米目标气体除以 1 立方米混合气体。例如，1ppm 甲烷就等同于每立方米空气中有 1 立方厘米甲烷。

气体传感器是一种化学传感器。实际上，绝大多数气体传感器是通过化学反应引起电阻率变化的方式来测量气体浓度的，但是也有少部分气体传感器是通过光学原理来测量气体浓度的。

针对某个具体的应用场景，选择合适的气体传感器是至关重要的。在选择过程中，需要从多方面进行综合考虑，以确保所选传感器能够满足实际需求。以下是选择气体传感器时通常需要考虑的几个关键因素。

---

① ppm：气体体积百分比含量的百万分之一，是一个无量纲的浓度单位。

(1) 稳定性。由于气体传感器多数基于化学反应原理测量气体浓度，因此，其稳定性相较于基于机械或纯电学原理的传感器的可能稍差。稳定性直接影响传感器长时间工作时的信号漂移程度。因此，在选择气体传感器时，需要特别关注其信号漂移程度是否在系统所能容忍的误差范围内。如果信号漂移过大，则可能需要定期对传感器进行调零处理，以确保测量结果的准确性。

(2) 灵敏度。灵敏度是气体传感器能够检测到的目标气体的最低浓度值，是选择传感器时的一个关键指标。理论上，灵敏度越高越有利于检测，但高灵敏度的器件也更容易受到外界干扰噪声的影响。因此，在选择气体传感器时，需要结合实际需求，避免过度追求高灵敏度而忽视实际应用效果。

(3) 选择性。选择性也被称为交叉灵敏度，是指气体传感器对性质相近的不同气体的分辨能力。例如，有的气体传感器虽然用于检测一氧化碳，但遇到甲烷时也可能产生相似的化学反应，导致误报。这就是选择性不佳的表现。在选择气体传感器时，需要关注其对目标气体的识别能力，以避免在测量时受到其他气体的干扰。对于用途相同的传感器，选择性不同可能会导致价格差异显著，因此需要根据实际应用场景来权衡和选择。

(4) 抗腐蚀性。抗腐蚀性反映了气体传感器在高浓度目标气体环境中的工作能力。由于气体传感器多通过化学反应产生电信号，高浓度的目标气体会加速传感器反应部件材质的消耗，缩短其使用寿命。因此，在选择气体传感器时，需根据具体应用场景考虑其抗腐蚀性，以确保传感器能够在恶劣环境下长期稳定运行。

综上所述，在选择气体传感器时，需综合考虑稳定性、灵敏度、选择性和抗腐蚀性等因素。只有根据实际需求进行权衡和选择，才能确保所选传感器能够满足应用场景的要求，提供准确、可靠的测量数据。

15.2　使用器件介绍

MQ 系列传感器及传感器模块是目前市场上较为常见的气体浓度检测传感器。这个系列传感器具有性价比较高、稳定性好、寿命较长、外围电路简单、应用范围广等优点，在国内受到了众多领域开发者的青睐。

MQ 系列传感器属于二氧化锡型半导体气敏传感器，它的反应部件是表面离子式 N 型半导体。在工作时，该传感器会将气敏材料表面加热到 $200℃\sim300℃$，然后二氧化锡开始吸附空气中的氧，导致材料的电阻值增加。这个时候，如果有目标气体与反应部件的表面接触，那么会改变材料的电阻率，由此反映出目标气体的浓度大小。

由于气敏材料需要加热，因此在使用 MQ 系列传感器时，要注意以下两点。

(1) MQ 系列传感器在通电后需要等待 $20\,s\sim1\,min$，以便充分加热气敏材料。所以，在系统刚刚通电时，应避免执行读取传感器数值的操作，而应稍作等待。否则，可能会因气敏材料未充分加热而导致读数错误。

(2) MQ 系列传感器由于内置了加热元件，因此相对于其他类型的传感器来说，它们的能耗较高。为了确保传感器能够稳定运行，应为其提供稳定的供电环境。在实际应用中，建议对 MQ 系列传感器进行单独供电，以防止电源波动对其性能造成不利影响。通过此种供电方式，可确保传感器始终维持最佳工作状态，从而输出准确、可靠的气体浓度数据。

　　MQ 系列传感器包含多个型号，每个型号都针对特定的目标气体进行测量。尽管它们的外形相似，但在使用前必须仔细辨别。对于需要使用气体传感器的读者，建议查阅 MQ 系列传感器的相关资料或手册，以便更全面地了解各型号的特点和适用范围，从而选择最适合自己需求的传感器。

　　表 15.1 中仅列出了常用 MQ 系列传感器的信息。实际上 MQ 系列传感器种类繁多，无法在此一一列举。

表 15.1　常用的 MQ 系列传感器信息表

传感器型号	敏感气体	可测范围/ppm
MQ-2	烟雾气敏	300～10000
MQ-3	乙醇	25～500
MQ-4	天然气、甲烷	300～10000
MQ-5	液化气、天然气	300～5000
MQ-6	异丁烷、丙烷	100～10000
MQ-7	一氧化碳	10～1000
MQ-8	氢气	50～10000
MQ-9	可燃气体	100～10000
MQ-135	空气中常见杂质(氨气、氮氧化合物、醇类、芳族化合物、硫化物、烟雾等)	10～1000

　　MQ 系列传感器模块是在 MQ 系列传感器基础上，通过添加外围功能电路构成的。MQ 系列传感器模块的应用灵活性更高，可同时输出模拟信号和数字信号，为开发者在设计电路过程中提供了更多的选择。常见的 MQ 系列传感器模块如图 15.1 所示。

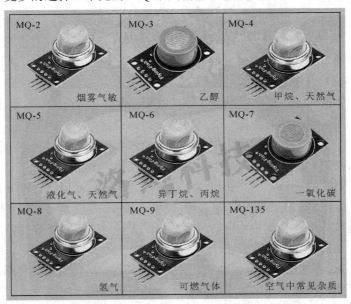

图 15.1　常用的 MQ 系列传感器模块

在本章中，我们以 MQ-2 型传感器模块为例进行介绍。MQ-2 型传感器模块为烟雾气敏型传感器模块，其实物图如图 15.2 所示。

图 15.2　MQ-2 型传感器模块的实物图

MQ-2 型传感器模块的生产厂家有很多，但是其电路的结构和功能已经标准化。对于目前在市场上能买到的 MQ-2 型传感器模块，它们的引脚位置可能有所变化，但是每个引脚的功能都是一致的，主要区别在于它们所检测的目标气体的类型不同。因此，读者在选购时可以放心购买，不用担心功能兼容性的问题。

MQ-2 型传感器模块的引脚及其功能如表 15.2 所示。

表 15.2　MQ-2 型传感器模块的引脚及其功能

引脚名	I/O 方向	功　　能
VCC	—	接 5 V 电源
GND	—	接地
DO	输出	输出低电平或者高电平。当环境中目标气体的浓度低于设定的阈值时，输出高电平；当环境中目标气体的浓度高于设定的阈值时，输出低电平
AO	输出	输出 0～5 V 范围内的任意电压值，这些电压值与环境中目标气体的浓度呈近似正比关系

MQ-2 型传感器模块的测量范围为 300～10 000 ppm。MQ-2 型传感器模块工作时需要稳定的 5 V 电压供电。由于传感器需要加热到预定温度才能正常工作，因此一定要保证供电的稳定性。

DO 引脚的输出阈值可以通过电路板上的可调电阻来调节。在图 15.2 中，小方块(其中心带有十字形的凹槽)就是可调电阻，使用一把十字形螺丝刀就可以很方便地调节它的阻值大小。需要注意的是，这个电阻是单周可调电阻，也就是说，它的调节范围是 0°～360°。千万不要把这个可调电阻的调节位连续旋转多圈，那样会损坏这个可调电阻。

AO 引脚的输出是 0～5 V 范围内的任意电压值，但是其输出电压值与目标气体浓度之间并非简单的正比例关系，因为在实际应用中目标气体浓度的测量值还会受到环境温度和湿度等因素的影响。因此，不能简单地通过正比例函数来换算输出电压值，以得到目标气体的浓度。为了获得准确的浓度值，建议参考 MQ-2 型传感器模块的手册，其中通常会提供相关的数据表或换算公式，以便进行精确的换算。

15.3　电路连接、代码调试及解析

15.3.1　需求分析及器件选择

现在我们设想一个场景。在一个木材仓库中，出于安全考虑，需要管理员进行巡逻检查，以尽可能地发现潜在的火灾隐患。然而，人的精力有限，管理员很难做到 24 小时不间断地监控仓库的每个角落。若不能及时发现并扑灭火灾隐患，则后果将不堪设想。因此，若在木材仓库的各个关键位置部署能够实时检测火灾隐患的传感器，并在发现隐患时及时发出告警信息，则管理员的工作负担将大大减轻。

从上述描述中，我们可以明确这个监测火灾隐患的系统，即火灾告警系统应具备两个核心功能。一是系统需要能够迅速发现火情。这一功能可以通过 MQ-2 型传感器模块来实现，因为木材在燃烧时会产生烟雾，尤其是在火势初起时，烟雾的浓度尤为显著。因此，MQ-2 型传感器模块能在火情刚刚发生时便及时检测到。二是系统应具备发出告警信息的功能。考虑到木材仓库中木材堆积密集，光线传播受阻，LED 等光线告警器并不适用。因此，我们选择声音告警方案，并采用蜂鸣器作为告警器件，以确保在发现火灾隐患时能够迅速、有效地提醒管理员。

15.3.2　电路连接

火灾告警系统的电路原理图如图 15.3 所示。在这个系统中，主控制器采用 UNO 进行整体控制，采用 MQ-2 型传感器模块对外部环境进行检测，采用有源蜂鸣器实现发声告警。由于 MQ-2 型传感器模块对工作电流需求较大，所以采用单独的电源为其供电。而蜂鸣器采用小功率有源蜂鸣器，所以不需要单独供电，UNO 的数字引脚输出的电流就能使其正常工作。

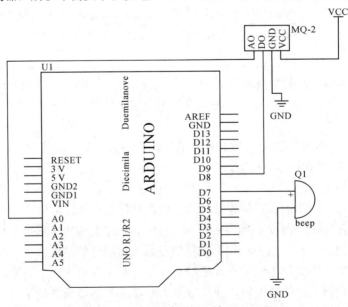

图 15.3　火灾告警系统的电路原理图

在如图 15.3 所示的电路原理图中，蜂鸣器的信号输入引脚与 UNO 的 7 号数字引脚相连。当需要蜂鸣器发出声音时，7 号引脚输出高电平；当不需要蜂鸣器发声时，7 号引脚输出低电平。MQ-2 型传感器模块的数据输出引脚 DO 与 UNO 的 8 号数字引脚相连。当 MQ-2 型传感器模块检测到烟雾浓度高于设定的阈值时，DO 引脚输出低电平，否则 DO 引脚输出高电平。MQ-2 型传感器模块的模拟输出引脚 AO 与 UNO 的模拟引脚 A0 相连，使得 UNO 可以从模拟引脚 A0 读取 MQ-2 型传感器模块的实时监测值。UNO 通过串口下载电缆与电脑相连。

15.3.3　代码编写、调试及解析

注意，我们在本章中设计的这个系统与前面一些章节中所介绍的系统有所不同。MQ-2 型传感器模块在正常工作前需要进行预热。如果在传感器模块还没有预热完成的情况下读取传感器模块的数据，那么很可能会导致系统误判。所以，我们首先要实现预热功能，即系统上电后等待一段时间，在这段时间内，系统不做任何读取数据和进行判断的操作。这个预热操作仅在系统上电时执行一次，系统进入正常工作状态后将不再执行，所以实现这一功能的代码应该放入 setup()函数中。代码如下：

```
void setup() {
    // put your setup code here, to run once:
    pinMode(7, OUTPUT);              //设置 UNO 的 7 号引脚为输出模式
    for(int cnt=0; cnt <15; cnt++){  //重复 15 次，每次 2 s
        digitalWrite(7, HIGH);
        delay(1000);
        digitalWrite(7, LOW);
        delay(1000);
    } //预热时间结束
}
```

接下来，我们开始实现整个系统的基本功能，即当系统所在环境中烟雾的浓度高于设定的阈值时，系统能够及时发现并告警。这个功能的实现需要硬件和软件两方面的配合。

在硬件方面，需要在 MQ-2 型传感器模块充分预热后，在 MQ-2 型传感器模块所在处营造一个有一定烟雾浓度的环境，并调节可调电阻，调节到数据输出指示灯刚好亮起。这个时候环境中的烟雾浓度值就是 MQ-2 型传感器模块的告警阈值。不得不说，营造这样一个环境是比较麻烦的，各位读者一定要发挥自己的想象力和动手能力来完成这个有点难度的任务。

在设置好 MQ-2 型传感器模块的阈值后，我们开始编写代码。因为 MQ-2 型传感器模块的数据输出引脚 DO 与 UNO 的 8 号引脚相连，所以只需要随时监测 8 号引脚上的输入电平。如果输入电平为高电平，那么说明烟雾的浓度没有超过阈值，系统不发出告警；如果输入电平为低电平，那么说明烟雾的浓度过高，很可能已经有火灾隐患，系统应该立即告警。因为需要时刻不停地监测，所以将这部分代码放到 loop()函数中。此外，因为要从 8

号引脚读取数据，所以应该在 setup()函数中将 8 号引脚设置为输入模式。

　　此外，还需要一个变量来存储读入的 8 号引脚的状态。这个变量用来表征现在的火情状态，因为状态只有"有"和"无"两种可能，所以我们将这个变量的数据类型设定为布尔类型，并将其命名为 fireSta 。

　　实现火情检测及告警功能的代码如下：

```
bool fireSta; //火情状态:false=有火情；true=无火情

void setup() {
    // put your setup code here, to run once:
    pinMode(7, OUTPUT);                 //设置 7 号引脚为输出模式
    pinMode(8, INPUT);                  //设置 8 号引脚为输入模式
    for(int cnt=0; cnt <15; cnt++){     //重复 15 次，每次 2 s
        digitalWrite(7, HIGH);
        delay(1000);
        digitalWrite(7, LOW);
        delay(1000);
    } //预热时间结束
}

void loop() {
    // put your main code here, to run repeatedly:
    fireSta = digitalRead(8);           //读取 8 号引脚的状态
    if(fireSta == false) {              //有烟雾，2 s 声音告警
        digitalWrite(7, HIGH);         //蜂鸣器发声
        delay(2000);
    }
    else{
        digitalWrite(7, LOW);
    }
}
```

　　读者可以将以上代码写入 UNO 中，查看系统是否能够正常运行。

　　在上面的代码中，我们已经实现了一个火灾告警系统的基本功能。如果把客户的需求比作一张试卷，把我们的设计比作提交的答卷，那么现在我们已经达到了及格线。但是，作为一个追求卓越、不断进取的学生，我们当然不能仅仅满足于及格的成绩，还要努力争取得高分。所以，我们接下来将进一步完善这个系统。

　　目前，系统仅能在烟雾浓度大于设定的阈值时发出声音告警。但是，如何确定我们所设定的阈值是合适的呢？如果阈值设置得过低，那么可能会导致误报；如果阈值设置得过

高，那么系统发出告警时，着火处的火势可能已经相当严重了，从而造成较大的损失并增加扑灭难度。那么，我们能不能在系统发出告警之前，先通过观察 MQ-2 型传感器模块的监测数据并结合经验进行预判呢？要实现这一点，就需要实时读取 MQ-2 型传感器模块的监测数据。

前面说过，MQ-2 型传感器模块的检测结果是以电压形式呈现的，但是要将电压值准确地转化为烟雾浓度值，其计算复杂度是很大的。所以在这里我们将这个计算过程简化为一个线性函数的计算过程。先声明一个变量 vlt，用来存储从传感器读取的模拟电压值，其数据类型为 int 类型；再声明一个 float 类型的变量 dnsty，用来存储计算所得的烟雾浓度值。这两个变量之间的换算关系为

$$\text{dnsty} = \frac{\text{vlt}}{1023} \times (10\ 000 - 300) \tag{15.1}$$

现在，我们扩展系统的功能，使其能够实时向电脑端发送 MO-2 型传感器模块的监测数据。这个功能通过 UNO 的串口来实现，并在 Arduino IDE 的串口监视器上显示结果。因此，首先在 setup()函数中加入串口波特率的设置代码，将串口的波特率设置为 9600；然后在 loop()函数中加入模拟信号读取代码、计算公式，以及将结果输出到串口的代码。输出频率为每秒一次。

实现上述功能的完整代码如下：

```
bool fireSta;                          //火情状态: false = 有火情；true = 无火情

void setup() {
    // put your setup code here, to run once:
    Serial.begin(9600);                //设置串口的波特率
    pinMode(7, OUTPUT);                //设置 7 号引脚为输出模式
    pinMode(8, INPUT);                 //设置 8 号引脚为输入模式
    for (int cnt = 0; cnt < 15; cnt++) {   //重复 15 次，每次 2 s
        digitalWrite(7, HIGH);
        delay(1000);
        digitalWrite(7, LOW);
    delay(1000);
    } //预热时间结束
}

void loop() {
    // put your main code here, to run repeatedly:
    fireSta = digitalRead(8);          //将 8 号引脚的状态读入
    if (fireSta == false) {            //有烟雾，2 s 声音告警
        digitalWrite(7, HIGH);         //蜂鸣器发声
```

```
      delay(2000);
    } else {
      digitalWrite(7, LOW);
    }

    //输出实时烟雾传感器模块的监测数据
    int vlt;   //原始输入电压值
    vlt = analogRead(A0);
    //计算烟雾浓度值
    int dnsty;
    dnsty = (vlt / 1023) * (10000 - 300);          //根据线性函数计算
    Serial.print("当前烟雾浓度：");
    Serial.print(dnsty);
    Serial.println("ppm");
    delay(1000);
}
```

注：这部分完整代码的编号为 smokeAlert_2。

上述代码的思路非常清晰，代码量也很小。读者可以将上述完整代码写入 UNO 中，并且在电脑端打开串口监视器，让整个系统运行起来并查看结果。

你的测试结果如何呢？笔者的测试结果如下：系统可以正常预热，也可以在烟雾浓度超过设定的阈值时发出声音告警，这说明整个系统的各个部分是能够正常工作的。但是，在电脑端的串口监视器上，笔者却看到输出的烟雾浓度值始终为 0。是 MQ-2 型传感器模块坏了，还是 UNO 坏了？为了快速排查，笔者尝试更换了 UNO 和 MQ-2 型传感器模块，并重新进行了测试。然而，测试结果并未发生改变，问题依旧存在。

到了这个时候，基本上可以确定是代码出了问题。那么，到底是什么地方出了问题呢？问题出在那个线性函数计算代码上。从代码中可以看到，vlt 和 dnsty 两个变量都是 int 类型，这就意味着它们无法表示小数。当 vlt 的读入数据小于 1023 时(这几乎是必然的)，vlt 除以 1023 的值是一个 0～1 之间的小数。而且在烟雾的浓度比较小的时候，这个值很接近于 0。由于 vlt 是 int 类型，所以系统自动将结果四舍五入为 0。这就导致整个计算结果始终都是 0。

导致问题出现的原因找到了，解决问题的方案也就自然而然地浮现出来了。我们只要调整算式中的计算顺序就可以了。将线性函数计算部分的代码调整如下：

```
      dnsty = vlt * (10000 - 300) / 1023;
```

通过这样的调整，可以确保乘法运算先执行，得到一个较大的中间结果，然后再进行除法运算。由于除法操作的结果依然是一个整数，但此时分子已经足够大，以至于不会因为四舍五入而丢失关键的小数部分。

读者将修改后的整个代码写入 UNO 中并进行测试，此时应该可以看到问题已经解决了，串口监视器上能够显示正确的烟雾浓度值。从这里可以看到，在编写和调试代码时，要特别注意数据类型和运算顺序对结果的影响

本 章 练 习

　　根据图 15.3 中所示的电路连接情况，为电路添加绿色、黄色和红色三个 LED。这三个 LED 分别连接到 UNO 的 6 号、5 号和 4 号引脚。当对应引脚输出高电平时，相应的 LED 应亮起；当对应引脚输出低电平时，相应的 LED 应熄灭。读者需根据自己的实际测试结果，将可燃气体浓度划分为三个等级：当浓度处于较低水平时，视为安全等级，此时绿色 LED 亮起，表示当前环境安全；当浓度处于较高水平时，视为提醒等级，此时黄色 LED 亮起，用以提醒用户注意环境安全；当浓度处于很高水平时，视为危险等级，此时红色 LED 亮起，表明当前环境存在严重安全隐患，需立即采取相应措施。

　　按照上述要求完成电路搭建和编程，并记录实测结果(答案编号为 smokAlert_GYR)。

参 考 文 献

[1]   Arduino. Arduino help reference[EB/OL]. [2023-9-13]. https://store.arduino.cc/products/arduino-uno-rev3. htm.

[2]   Arduino. Arduino help Reference[EB/OL]. [2023-9-13]. https://store.arduino.cc/products/arduino-mega-2560-rev3.

[3]   Arduino. Arduino help Reference[EB/OL]. [2023-9-13]. https://store.arduino.cc/products/arduino-nano.

[4]   Arduino. Arduino help Reference[EB/OL]. [2023-9-13]. https://store.arduino.cc/products/arduino-leonardo-with-headers.

[5]   Arduino. Arduino help Reference[EB/OL]. [2023-9-13]. https://docs.arduino.cc/retired/boards/arduino-pro-mini.

[6]   Arduino. Arduino help Reference[EB/OL]. [2023-9-13]. https://store.arduino.cc/products/arduino-zero.

[7]   Arduino. Arduino help Reference[EB/OL]. [2023-9-13]. https://store.arduino.cc/products/arduino-due.

[8]   Arduino. Arduino help Reference[EB/OL]. [2023-9-13]. https://docs.arduino.cc/software/ide-v1/tutorials/Environment#file.

[9]   李明亮. Arduino 技术及应用：微课视频版[M]. 北京：清华大学出版社, 2021.

后　记

　　到此处，我们这本书即将画上句号。各位读者在学完这本书后有何感想呢？是不是一开始觉得很有趣、很简单、容易上手，但随着学习的深入，又发现 Arduino 并非想象中那么简单。到最后，感觉 Arduino 就像一个深不见底的宝库，几乎可以从中找到任何所需的功能库来实现你的设计。

　　这正是 Arduino 的魅力所在，让人越陷越深，欲罢不能。如今 Arduino 已经成为全世界最受欢迎的开源硬件平台之一。它已经形成了一个完整的技术生态体系，并以惊人的速度渗透到各个技术领域。笔者深信不疑，在不久的将来，我们不再会问"Arduino 能做什么？"而是会问"有什么是 Arduino 不能做的？"让我们一同静候这一天的到来吧。

　　希望笔者的这本书能像《爱丽丝漫游仙境》中的那只兔子，引领你走进一个充满奇妙的科学世界。我们可以共同以 Arduino 为魔杖，像个真正的魔法师，挥一挥手，将这个世界装点得更加美丽和有趣。